U0940919

Annual Review of Chinese Architectural Design Works

# 2010–2011

# 中 国 建 筑 设 计 作 品 年 鉴

## （上）

《中国建筑设计作品年鉴》编委会 编

江苏人民出版社

**图书在版编目（CIP）数据**

2010～2011中国建筑设计作品年鉴 / 《中国建筑设计作品年鉴》编委会编. -- 南京 : 江苏人民出版社, 2011.12
ISBN 978-7-214-07746-2
Ⅰ. ①2··· Ⅱ. ①中··· Ⅲ. ①建筑设计－作品集－中国－2010～2011 Ⅳ. ①TU206

中国版本图书馆CIP数据核字(2011)第258497号

**2010—2011中国建筑设计作品年鉴（上、下册）** 《中国建筑设计作品年鉴》编委会 编

责任编辑：刘 焱 艾 璐
责任监印：彭李君
美术设计：郝泽星 彭 丹 贾 妍
出 版：江苏人民出版社（南京湖南路1号A楼 邮编：210009）
发 行：天津凤凰空间文化传媒有限公司
销售电话：022-87893668
网 址：http://www.ifengspace.cn
集团地址：凤凰出版传媒集团（南京湖南路1号A楼 邮编：210009）
经 销：全国新华书店
印 刷：深圳市彩美印刷有限公司
开 本：889毫米*1194毫米 1/12
印 张：80（上：41，下：39）
字 数：1000千字
版 次：2012年1月第1版
印 次：2012年1月第1次印刷
书 号：ISBN 978-7-214-07746-2
定 价：1058.00元（上、下册）
(USD 200.00)

（本书若有印装质量问题，请向发行公司调换）

主 管：中华人民共和国住房和城乡建设部
主 办：中国建筑文化中心
编 辑：《中国建筑设计作品年鉴》编委会
北京主语空间文化发展有限公司
主 编：陈建为
执行主编：肖 峰
编辑部主任：王 伟
编 辑：代 君 郭 晨 金 峰 林 朋 冷娜英 李 悦 李 妍 刘笑艳 欧 阳 齐 阳 张 辉 张 澜
编辑部地址：北京市海淀区三里河路13号
中国建筑文化中心712室
邮 编：100037
电 话：+86-10-88151966/+86-10-88153600/13910120811
传 真：+86-10-88151958
网 址：www.archrd.com
E-mail：zgjsmail@126.com

**编辑委员会**（按姓氏首字母排序）

查 敏 陈继松 陈晓丽 程志毅 房庆方 冯志成 胡柏龄 李光荣 李建新 李振东
李子青 林坚飞 刘 鲲 刘永富 刘志昌 柳 青 田 明 屠锦敏 王西明 王正刚
夏恩恕 向世林 谢家谨 谢志平 熊建平 杨洪波 杨焕彩 杨建华 张发懋 张建民
郑应炯 周 游 朱正举

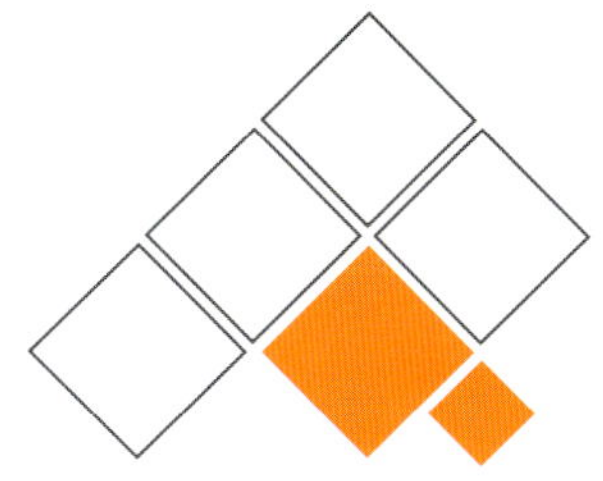

# 2010—2011
# 中国建筑设计作品年鉴

## 谨以此年鉴献给为中国建筑设计行业发展而辛勤付出的设计师们！

《2010—2011中国建筑设计作品年鉴》（以下简称《年鉴》）
收录了国内外180余家设计机构的近2000件优秀建筑设计作品，
这些不同类型、不同设计理念的作品基本反映了当前建筑设计行业多元化的发展状况和实践成果，
从中可以直观地领略到中国建筑设计行业融汇中西、贯通古今的设计思想。
对于各地建设主管部门和从事城市规划、建筑设计、景观设计、工程建设、房地产开发人员以及相关科研教育机构掌握建筑设计行业发展趋向、了解新的设计理念，《年鉴》会有很好的参考、借鉴作用。
《年鉴》在编辑过程中，得到了各地建设主管部门和众多设计院所、设计师的大力支持和帮助，
在此，谨向为《年鉴》提供帮助和支持的单位和个人表示衷心的感谢！
《年鉴》在国内公开发行，并委托中国图书进出口（集团）总公司在国外和国内港、澳、台地区发行。
在《年鉴》的编辑过程中，不免会有疏漏或错误之处，敬请读者指正，并提出宝贵意见，
以便我们不断提高《年鉴》的编辑水平，满足读者的需求。

《中国建筑设计作品年鉴》编辑部
2011年11月

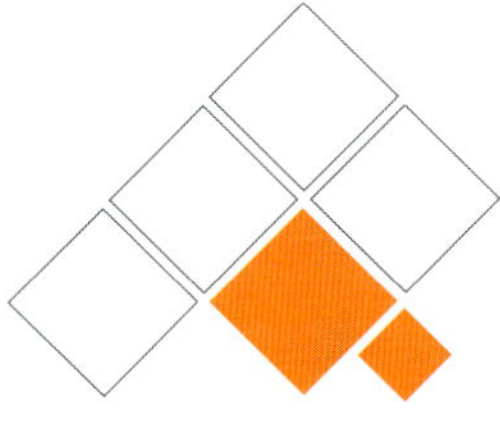

# 编委题词

# Editorial Committee Inscription

宗白华先生言，一切艺术综合于建筑，而礼乐诗歌舞剧之表演，亦与建筑背景协调成为一片美的生活。所以每一文化的强盛时代莫不有伟大的建筑计划以容纳和表现这一丰富之生命。先生此言发表半个世纪，今日我们更应致力于一和谐的美的未来。

吴良镛

Saving our environment is the most vital issue that humankind must address today leading into our fears that this millennium may be our last. An ecological approach to our businesses and design is ultimately about environmental integration. Ecodesign is designing for bio-integration.

建筑师在本世纪所担负最大的课题就是用生态设计的方法去解决我们人类社会所面临的环境问题。我们的终极目标就是实现建筑与环境的和谐共生。

杨经文

希望"年鉴"成为全面总结和推动我国建筑创作发展的优秀典籍

何镜堂

愿《中国建筑设计作品年鉴》成为中国设计力量走向世界设计之巅崛起的推动力！

刘克峰

贺《中国建筑设计年鉴》出版

作为中国建筑设计历程的记录，将成为世界建筑史的辉煌篇章

程泰宁

推陈出新

把祖国建设得更美好

办年鉴，年年明鉴，推精品，精益求精，树大师，不遗余力。

希望"年鉴"成为高品质的专业年鉴。

赵建民

历史纪录 时代借鉴

刘景樑

祝贺《中国建筑设计作品年鉴》发行

良师益友

追求卓越 宁静致远

梁应添

贺《中国建筑设计作品年鉴》出版发行

陈世民

愿《中国建筑设计作品年鉴》在中国设计界更有权威性、代表性。

[illegible]

潜心研究市场需求
专注挖掘项目价值

认真解决建筑功能
努力创造优秀建筑

林怀文

为了中国建筑设计的崛起，为了本土建筑师的声望与力量，请有志同仁加入到"新本土主义"建筑设计运动中，也请《中国建筑设计作品年鉴》作为此方面的引导。

[illegible]

设计，作为方法，都是一种选择：在喧杂中选择宁静，在盲目中选择理性，在平庸中选择创意，在浮华中选择真诚。

[illegible]

希望本年鉴不是建筑师或设计单位的"目录"，而是大家彼此观摩学习的园地。

[illegible]

建筑文化是一个最能感染其他的文化，而建筑设计，是一个最没有国界的产品。

中国建筑设计的发展，从过去20多年来，由抄袭西方，模仿西方，到最近两年来的探索中国建筑文化，可以说是逐渐的找到了"自我"。但我很希望，中国设计师们，不要重复义和团的"自大"。

的确，如何"古为今用"、"洋为中学"，进而"中为西传"，是我们设计人员未来的重要工作。共勉之。

[illegible]

立足澳门，背靠祖国，面向世界，共创繁荣。

[illegible]

希望中国建筑师的职业化水准迅速提升；希望中国建筑师有更多更好的相互交流的平台；希望中国建筑师们所面对的设计环境更开放、更公平。

[illegible]

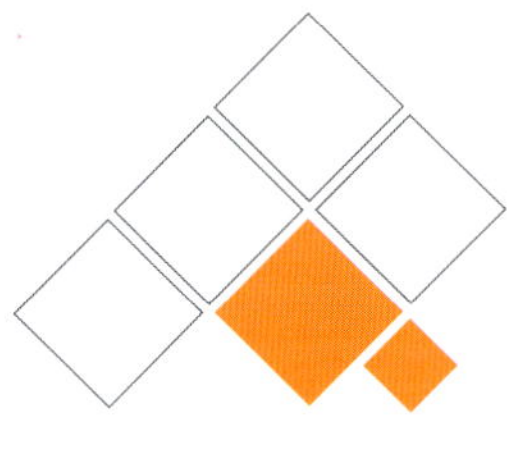

# 编委题词

# Editorial Committee Inscription

科学设计
服务社会
程泰宁

回顾新中国60年的建筑设计历程，努力进取，迎接中国建筑创作更加美好的未来。
傅绍辉

佳作拙作
前鉴后鉴
鉴鉴
AIM 陈晓宇

追求品质
倡导原创
宏扬个性
力争创新

建筑是一种容器
唯有时间+空间+人类创作
方能创其优秀

建筑是思想的容器
何镜堂

铭书三江
策海四海
山东建筑设计院

浓缩精华 展示精品
建筑文化风向标
崔恺

愿《中国建筑设计作品年鉴》在中国建筑界树起中国建筑文化的大旗。
James C. Wang

愿《中国建筑设计年鉴》成为东西方建筑文化交流的平台。

# 特邀编委

（按姓氏首字母排序）

| 姓名 | 所属机构 |
|---|---|
| 白　林 | 北京白林建筑设计咨询有限公司 |
| 柏疆红 | 卓创国际工程设计有限公司 |
| 宝建华 | 天津天咨拓维建筑设计有限公司 |
| 鲍承业 | 加拿大埃瑞弗建筑规划设计机构 |
| 蔡　明 | 美国开朴建筑设计顾问(深圳)有限公司 |
| 蔡文亮 | 上采国际设计集团 |
| 曹兴儒 | 上海优爱建筑设计事务所(普通合伙) |
| 曹一勇 | 北京博地澜屋建筑设计咨询有限公司 |
| 柴　晟 | 美国承构建筑师事务所 |
| | 深圳市承构建筑咨询有限公司 |
| 陈朝婕 | 北京中外建建筑设计有限公司深圳分公司 |
| 陈　松 | 北京炎黄联合国际工程设计有限公司 |
| 陈晓宇 | 加拿大AIM[亚瑞]设计集团 |
| 陈志刚 | 北京新松建筑设计研究院有限公司 |
| 陈子弘 | 陈子弘建筑师事务所 |
| 程　权 | 美国KAS设计有限公司 |
| 程泰宁 | 中联·程泰宁建筑设计研究院 |
| 大　宝 | 美国KAS设计有限公司 |
| 戴　军 | 荷兰NITA设计集团 |
| 邓　立 | 沈阳万宸建筑规划设计有限公司 |
| 邓文杰 | 吕邓黎建筑师有限公司 |
| 刁　睿 | 上海鼎实建筑设计有限公司 |
| 丁洁民 | 同济大学建筑设计研究院 |
| 董　明 | 贵州省建筑设计研究院 |
| 樊　斌 | C&P(喜邦)国际建筑设计公司 |
| 范文峰 | 广州市纬纶建筑设计顾问有限公司 |
| 冯正功 | 苏州工业园区设计研究院有限责任公司 |
| 傅　勇 | 杭州市华清建筑工程设计有限公司 |
| 干　彤 | 森拓设计机构 |
| 高　崧 | 东南大学建筑设计研究院 |
| 龚　俊 | 美国HOOP建筑设计有限公司 |
| 韩世江 | 四川域高建筑设计有限公司 |
| 贺　颖 | 瑞士坎培建筑设计顾问公司 |
| 洪再生 | 天津大学建筑设计规划研究总院 |
| 胡荣国 | 中国建筑科学研究院建筑设计院 |
| 黄安和 | 美国JWDA建筑设计事务所 |
| 黄　飞 | 美国EBU建筑设计咨询(中国)有限公司 |
| 黄理辉 | 上海创霖建筑规划设计有限公司 |
| 黄　琰 | 厦门合道工程设计集团有限公司 |
| 纪达夫 | Aedas凯达环球有限公司 |
| 江欢成 | 上海江欢成建筑设计有限公司 |
| 蒋鸿兴 | 昆明官房建筑设计有限公司 |
| 金杭杭 | 杭州市华清建筑工程设计有限公司 |
| 金文杰 | 重庆同乘工程咨询设计有限责任公司 |
| 赖岳峰 | 福建博宇建筑设计有限公司 |
| 李长君 | 上海同为建筑设计有限公司 |
| 李　纯 | 四川省建筑设计院 |
| 李洪夫 | 哈尔滨方舟建筑设计有限公司 |
| 李继军 | 法国翌德国际设计机构 |
| 李景诗 | 哈尔滨建筑设计研究院 |
| 李　沛 | 中鸿建筑工程设计有限公司 |
| 李文捷 | 易肯设计机构 |
| 梁鹏程 | 梁黄顾建筑师(香港)事务所有限公司 |
| | 深圳市梁黄顾艺恒建筑设计有限公司 |
| 林怀文 | 深圳市水木清建筑设计有限公司 |
| 林世彤 | CDG国际设计机构 |
| 林　毅 | 华艺设计顾问有限公司 |
| 刘光亚 | 北京中联环建文建筑设计有限公司 |
| 刘　弘 | AA·都市建筑设计 |
| 刘　军 | 天津市建筑设计院 |
| 刘　亮 | 昂塞迪赛(北京)建筑设计有限公司 |
| 刘庆介 | 美国Time Mirror International映时设计公司 |
| 刘　臻 | 澳大利亚HYN建筑设计顾问(深圳)有限公司 |
| 刘智敏 | 法国AECF颐朗联合建筑设计有限公司 |
| 柳玉进 | 天华建筑设计有限公司 |
| 龙卫国 | 中国建筑西南设计研究院有限公司 |
| 卢　菁 | 卓创国际工程设计有限公司 |
| 罗　理 | 澳大利亚道克设计咨询(深圳)有限公司 |
| 骆文义 | LOOK建筑设计公司 |
| 马炳坚 | 北京市古代建筑设计研究所 |
| 马　磊 | 河南徐辉建筑工程设计事务所 |
| 马立东 | 中国建筑科学研究院建筑设计院 |
| 马树新 | 北京清润国际建筑设计研究有限公司 |
| 马　威 | 青岛北洋建筑设计有限公司 |
| 马向弘 | 上海创霖建筑规划设计有限公司 |
| 马粤宾 | 北京正东国际建筑工程设计有限公司 |
| 梅洪元 | 哈尔滨工业大学建筑设计研究院 |
| 孟祥群 | 青岛原创工程设计有限公司 |
| 欧阳颖 | 美国HOOP建筑设计有限公司 |
| 彭一刚 | 天津大学建筑设计规划研究总院 |
| 饶及人 | 美国龙安建筑规划设计顾问有限公司 |
| 申作伟 | 山东大卫国际建筑设计有限公司 |
| 盛　晖 | 中铁第四勘察设计院集团有限公司 |
| 盛　烨 | 华艺设计顾问有限公司 |
| 石铁军 | 吉林土木风建筑工程设计有限公司 |
| 宋建良 | 禾泽都林设计机构 |
| 汤祖程 | 综汇建筑顾问有限公司 |
| 王军民 | 法博国际(香港)规划建筑设计有限公司 |
| 王漓峰 | 澳大利亚柏涛(墨尔本)建筑设计有限公司 |
| 王莫迪 | 美国EBU建筑设计咨询(中国)有限公司 |
| 王全新 | 中科院建筑设计研究院有限公司 |
| 王伟晋 | 上海优爱建筑设计事务所(普通合伙) |
| 王一鸣 | 上海垣恒建筑设计咨询有限公司 |
| 王元新 | 新疆印象建设规划设计研究院(有限公司) |
| 王振楣 | 美国James·王建筑师事务所 |
| 魏黎华 | C&P(喜邦)国际建筑设计公司 |
| 吴旭辉 | 上海鼎实建筑设计有限公司 |
| 夏　军 | Gensler |
| 肖礼斌 | 北京三和创新建筑师事务所(普通合伙) |
| 肖毅强 | 广州市东意建筑设计咨询有限公司 |
| 谢国权 | 北京华英设计顾问有限公司 |
| 徐　石 | 汉米敦（中国）建筑设计有限公司 |
| 徐　腾 | 综汇建筑顾问有限公司 |
| 许　峰 | 美国承构建筑师事务所 |
| | 深圳市承构建筑咨询有限公司 |
| 许　倜 | 加拿大迈敦建筑师事务所 |
| 薛世勇 | 中天伟业(北京)建筑设计集团 |
| 严　晖 | 澳大利亚道克设计咨询(深圳)有限公司 |
| 杨蜀宁 | 四川成都瑞康建筑设计院 |
| 杨　晔 | 辽宁省建筑设计研究院 |
| 易　凡 | 中机国际工程设计研究院有限责任公司 |
| 于华清 | 北京亚特朴华建筑咨询有限公司 |
| 于　瑞 | 海南华磊建筑设计咨询有限公司 |
| 于一凡 | 法国翌德国际设计机构 |
| 俞锦杰 | 美国JY建筑规划设计事务所 |
| 张宏伟 | 泛太平洋设计集团有限公司(加拿大) |
| 张　桦 | 上海现代建筑设计(集团)有限公司 |
| 张嘉陵 | 美国朗基建筑设计有限公司 |
| 张　凯 | 英国UK.LA太平洋远景国际设计机构 |
| 张　鹏 | 山鼎建筑设计咨询有限公司 |
| 张天宝 | 香港华天国际建筑与城市设计有限公司 |
| 赵景孔 | 机械工业第六设计研究院 |
| 赵　曼 | 嘉和设计咨询有限公司 |
| 赵学义 | 山东建大建筑规划设计研究院 |
| 郑　重 | 沈阳万宸建筑规划设计有限公司 |
| 周　星 | 广东华方工程设计有限公司 |
| 朱儁夫 | 美国波士顿国际设计集团 |
| 朱小地 | 北京市建筑设计研究院 |
| 竹　林 | 北京拓尚建筑设计有限公司 |
| 庄惟敏 | 清华大学建筑设计研究院有限公司 |
| 邹　航 | 澳大利亚道克设计咨询(深圳)有限公司 |
| 邹迎晞 | 北京华诚博远建筑设计有限公司 |

# 目录 上卷

# 设计作品分类索引 上卷

# 设计作品分类索引 上卷



## 公共建筑



## 宾馆、酒店、餐厅、招待所



## 医院、医疗建筑



## 交通建筑



## 展览、展示建筑

# 设计作品分类索引 上卷

## 旅游、休闲建筑



## 院校、培训建筑



## 文化、艺术建筑



## 体育建筑



## 纪念馆、古建筑



## 工业建筑

# 设计作品分类索引 上卷

# 设计作品分类索引

## 城市规划设计、景观规划设计

# 设计作品分类索引 卷



## 城市综合体



## 室内设计



## 园林、公园、生态园



## 影院、剧院建筑



## 其他

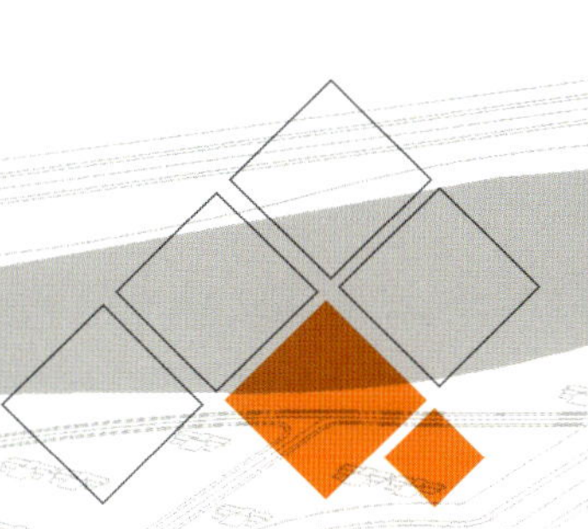

# 2010—2011
# 主要建筑设计作品

## Main Architectural Design Works

*Annual Review of Chinese Architectural Design Works*

# NITA
# 荷兰NITA设计集团

荷兰NITA设计集团是由荷兰6家顶级设计团队联合而成的国际顶级设计机构，总部设在荷兰阿姆斯特丹。在大型综合空间、城市环境及主题公园、居住社区、旅游度假与娱乐项目的规划设计方面所展现出的无与伦比的创造能力得到了广泛的认可。NITA创新性地采用LEGO（乐高）协作设计模式，汇集了近千名专业设计人员，包括资深景观师、管理顾问、规划师、建筑师、工程师及在交通、能源、生态等领域的众多国际专家。

1999年荷兰NITA设计集团进入中国，在昆明园艺博览会的荷兰园设计获得最高奖项——金奖后，NITA开始在中国境内开展设计业务；2002年在上海成立中国总部，开始为高速发展的中国全面提供国际领先的景观、规划、建筑、旅游和生态策略的设计服务。

2006年，荷兰NITA设计集团"回归设计与绿色技术"融合共生的绿色城市理念，获得中国领导及专家的肯定，参加了上海2010世博会总体景观规划国际竞赛，并被上海世博事务协调局聘请为2010上海世博园区（浦东、浦西）景观设计及绿化工程总体管理单位。

伴随着在中国最为精彩的上海世博系列作品的建成，NITA正以其国际级的绿色创意设计和解决多学科复杂设计的能力传播并实践"绿色城市"的理想。为了让中国更多城市分享"绿色城市"的经验与成果，NITA相继在上海、杭州、南京、宁波等城市设立了多个分支机构以及工程技术管理、生态科研研发、植物繁殖培育等专项事业部，汇聚了各个专业领域400多名技术人才，NITA努力为中国不同区域的人们带来国际领先的绿色规划设计服务。

荷兰NITA设计集团一直关注自然、城市与人的关系，尤其在全球变暖、自然环境多样性遭到严重破坏的今天，NITA致力研究并建立一种经济与自然环境和谐共生的绿色发展模式。基于此，NITA把全球领先的"回归设计"理念与欧洲最著名生态国家荷兰的绿色技术相融合，我们从荷兰启程到阿联酋再到中国，NITA在全球不同国家实践着"绿色城市"的理想。

2010年，由荷兰NITA设计集团担当总体设计与管理控制的5.28平方千米的上海绿色世博园区，向全球崭露绿色英姿。上海世博园区是"绿色城市"在中国的最佳示范实践，获得了全球的广泛认可与赞誉。NITA正以中国世博作为"绿色城市"实践的新起点，努力为中国不同区域的人们改善生活环境，积极传播"绿色城市"理念。

NITA的绿色理想是让中国更多的城市分享并实践绿色城市——"经济发展与自然环境和谐共生"成功经验，让蔚蓝地球重新焕发勃勃的绿色生机。

NITA坚信："回归设计与绿色技术"融合共生的"绿色城市"理念，是使地球恢复并保持健康发展的解决之道。

NITA Design Group, an international institute composed of 6 top design teams from Europe, is recognized widely for its creative idea and ideas on urban planning, residential complex, theme park, resort and recreation project, etc. Founded its headquarter in Amsterdam, NITA Design Group which borrows LEGO method, is an elite team of nearly a thousand international professional landscape architects, administrative consultants, urban planners, architects, engineers and other specialists on transportation, energy and ecology.

NITA Design Group started its business in China by participating the Kunming International Horticultural Exposition in 1999 and won the top prize. In 2002, NITA founded the China Headquarter in Shanghai and have provided professional services on landscape, architecture, urban planning, resort planning and ecological projects.

In 2006, NITA entered the international competition on the landscape master plan for the Shanghai EXPO 2010 and gained high praises from the authority and expertise for its Green City idea. NITA was appointed as the General Consultant of landscape design and Principal Consultant of environmental construction for EXPO 2010 by the Shanghai World EXPO Bureau.

NITA practices his 'Green City' idea and apply it on solving difficult, complicated problems for the projects in China and all over the world. After the completion of the remarkable EXPO projects, NITA shares its idea and experiences with more Chinese cities. To provide professional landscape architecture service for more Chinese clients, NITA has founded branch offices, engineering management firms, ecology research facilities and plant cultivation firms in Shanghai, Hangzhou, Nanjing and Ningbo, and has recruited over 400 talents in various fields.

NITA deeply concerned about the relationship among the nature, the cities and the humans, especially the global warming and the environmental destructions. NITA devotes itself in finding a solution which will be compatible both economies and the nature. Based on the world leading Regression Design concept, NITA creates and promotes the Green City idea, and integrating with the Green Technology from Netherlands, a country which is famous for its green ecology. NITA has sailed out from Netherlands to UAE, and all the way to China, bringing its Green City idea to the cities all over the world.

In 2010, NITA actively promotes the Green City idea in constructing the EXPO site of over 5.28 square kilometers, which receives high recognition from Chinese and foreign leaders. The EXPO Projects are the most successful cases of the Green City idea. While the EXPO projects set a new milestone, now NITA set out for a more difficult task, spreading the Green City idea, restoring the environment and improving the habitat condition for all Chinese.

NITA aims to promote and spread its Green City idea to more Chinese cities, shares the successful experience on economy and environment development, and bring life and green back to earth.

NITA firmly believes that, the very solution to restore and maintain the health condition of our earth, is to practicing the Green City idea, which is integrating with the Regression Design and the Green Technology.

地址：上海市徐汇区田林路142号G座4楼
邮编：200233
电话：+86–21–31278900
传真：+86–21–31278901
邮箱：info@nitagroup.com
网址：www.nitagroup.com/

Add: Fourth Floor, G Tower, No.142 Tianlin Road, Xuhui District, Shanghai
P.C.: 200233
Tel: +86–21–31278900
Fax: +86–21–31278901
E-mail: info@nitagroup.com
http://www.nitagroup.com/

# 2010上海世博会

## 世博公园及园区总体景观设计

地点：上海
客户：上海世博土地控股有限公司
服务：总体设计

中国2010年上海世博会会址位于上海市中心，跨越黄浦江两岸，它是上海黄浦江两岸开发、旧区改造和产业布局调整的重点地区，也是上海新一轮城市空间拓展、城市综合服务功能提升的重要地段。

上海2010世博公园是为2010年上海世博会召开而启动的项目，其规模及功能因其所处位置的特殊性及开发的原因，担负着特殊的功能及形象特征，需体现世博的形象特征且满足展会召开期间的功能使用。项目规划用地面积约29公顷，另外相关设计用地包括公共活动中心用地和演艺中心用地，总面积约42公顷。

## 江南广场公园景观设计

地点：上海
客户：上海世博土地控股有限公司
服务：景观设计

江南广场公园及浦西滨江景观绿地规划设计用地面积约为25.39公顷。规划设计范围由江南广场公园和滨江景观绿地两部分组成。江南广场作为临时性项目，主要为世博会期间的集会、庆典、观演等活动提供大型场地。场地内的3个原江南造船厂的保留船坞是江南公园最大的特色。黄浦江沿岸防汛岸线长约2 900米。在基本保留原有驳岸和防汛墙的基础上，对其进行改造和整理，保证滨水景观通廊的连续性。设计提出从“中国制造”到“中国创造”的设计概念。设计节选了基地中两个极具代表性的历史活动片断，用以概括基地的本质属性和特征。

## 2010上海世博会 白莲泾公园景观设计

地点：上海
客户：上海世博土地控股有限公司
服务：景观设计

白莲泾公园位于世博园区浦东段的北侧，北接黄浦江，南至雪野路桥，西起世博园区浦东中心绿地“世博公园”，东接世博园区世博村及配套设施，规划设计用地面积约20.18公顷。

该区域曾经是莲藕荡漾生态自然的美丽河道，随着中国工业的快速发展，见证着上海港口城市的辉煌。

规划的最核心出发点就是把“空间公共化”：把上海最宝贵的黄浦江的滨江景观资源公共化。规划强调在地块的使用中应满足不同的人群，创造不同的空间，在最大程度上让使用者享受到黄浦江最美丽的风景。

## 2010上海世博会 世博村景观设计

地点：上海
客户：上海世博土地控股有限公司
服务：景观设计

世博村规划用地位于浦明路以南、白莲泾以东、浦东南路以西地段，总用地面积约373 000平方米。项目由10个部分组成，性质有五星级酒店、公寓式酒店、物流仓库、公寓式酒店、商业和办公等。

世博村将在世博会筹备及举办期间，为各参展国家和国际组织人员提供住宿、办公、餐饮、购物、娱乐、物流、后勤等服务。世博会后转变为领馆区或涉外区，为区内及周边居民提供良好的居住、商务、办公、接待、购物、休闲等功能，将成为上海又一个特色鲜明的国际化街区。

## 芜湖市滨江景观公园

芜湖市滨江景观公园位于芜湖市西部的长江沿岸，全长9.5千米，宽度100～200米不等。青弋江自东向西在此汇入长江，将滨江公园分为南北两段。已经建成的北段为一期工程，位于芜湖市中心区，全长2.35千米，占地面积约36万平方米，主要包含生态居住区、主题公园景观区、文化艺术展示区、休闲商业区、商贸办公区及江畔公园等。

规划设计深入挖掘滨水空间的文化特色，体现芜湖的文脉延续。“港口将世界给了城市，城市把烙印留给码头”。只有留下城市的历史足迹，才会让心灵有归宿；强调文化性，充分利用城市历史的个性、文化遗产；在设计中尊重领域感，在寻求地方文脉与精神时发现作为滨江回忆的码头，利用码头文化作为滨江文脉的主线，赋予滨江丰富的想象空间。

## 沣河项目

沣河位于西安市西部，发源于秦岭北麓的沣峪沟，属渭河的一级支流，全场70.5千米，流域面积1 460平方千米，常年水量充沛，是长安八水之一，沣河综合治理项目是沣渭新区重点建设项目之一，在沣渭新区区域空间内主要分布着西周的沣京遗址和镐京遗址，秦代大阿房宫遗址及汉代的汉城遗址和建章宫遗址。

规划场地位于沣京遗址和镐京遗址之间，属于沣镐文化圈，因此，把规划区域的主题文化定位为西周文化。场地设计定位以水为魂，以绿为魄，打造生态城市滨水景观。

## 济宁北湖湿地项目

项目位于济宁市北湖省级旅游度假区。北湖位于济宁市城南6千米处，地处南四湖之北而得名。北湖区域拥有丰富的动植物资源与水资源，是得天独厚的生态自然区。济宁市是历史文化名城，有深厚的历史文化底蕴，孔孟文化、运河文化、佛教文化、水浒文化等灿若星辰。

规划设计以〝天人合一〞为思想理念，以〝道法自然〞为处事原则，从〝道法自然、天人合一〞过渡到自然形成有机论，完成从哲学到科学的演绎。

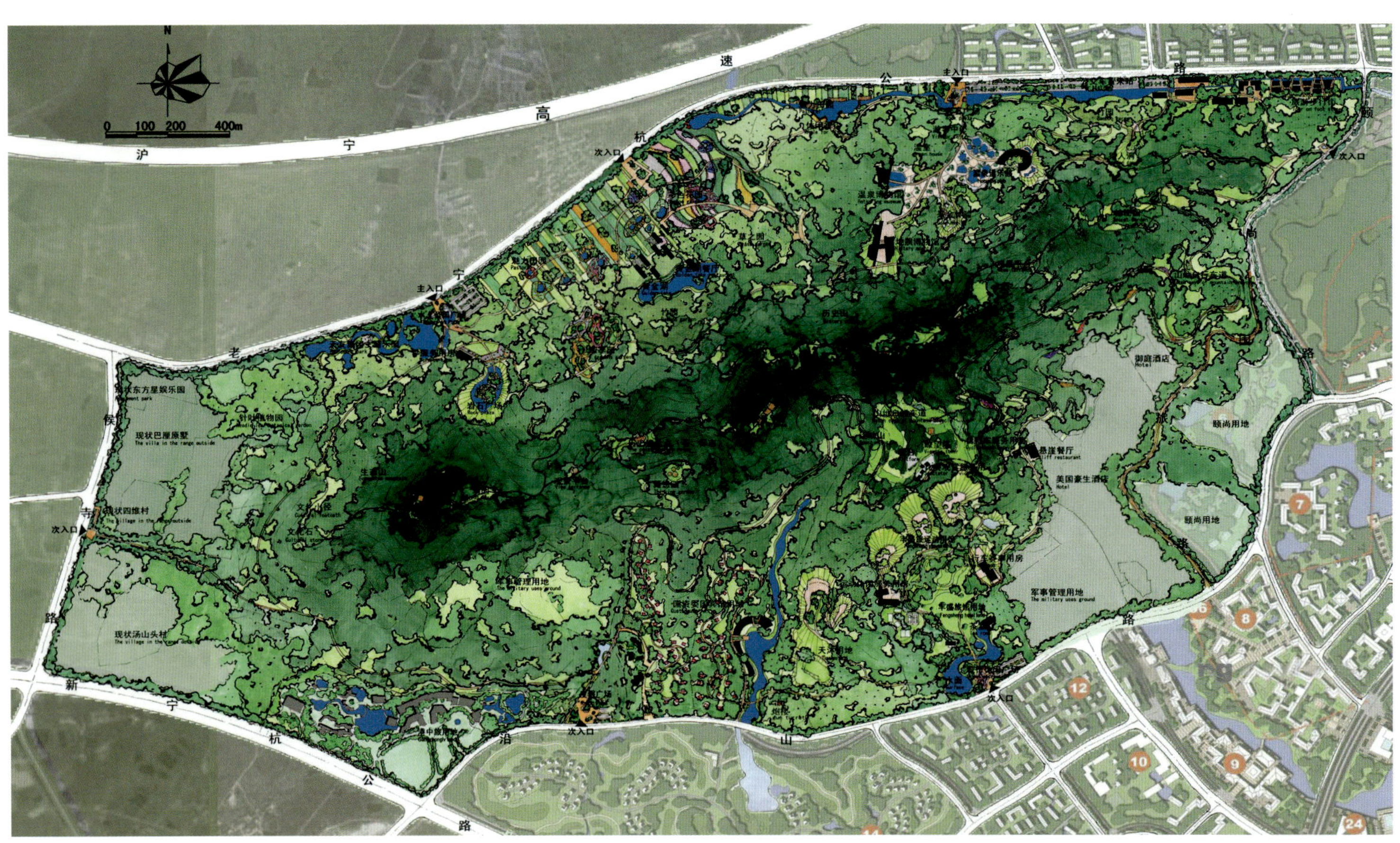


## 南京汤山地质公园

南京汤山地质公园风景区规划用地总面积约580公顷，包括大部分汤山山体。景观设计将汤山地质公园定位为长三角地区典型地质地貌、山林水系等典型自然风貌展现的体验平台，与南京历史文化名城相呼应的历史自然交融的休闲旅游度假基地，集休闲、度假、文化、展示、运动、体验为一体的综合配套服务中心。

设计形成“一自然生态核”、“四休闲旅游区”（城市休闲区、水上公园区、自然区、地质区）的总体结构。

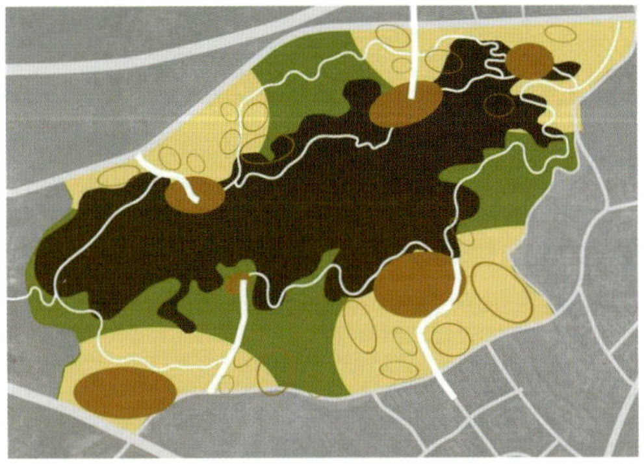

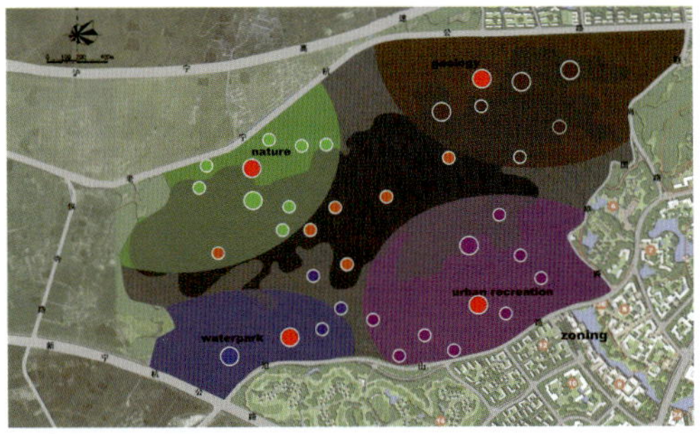

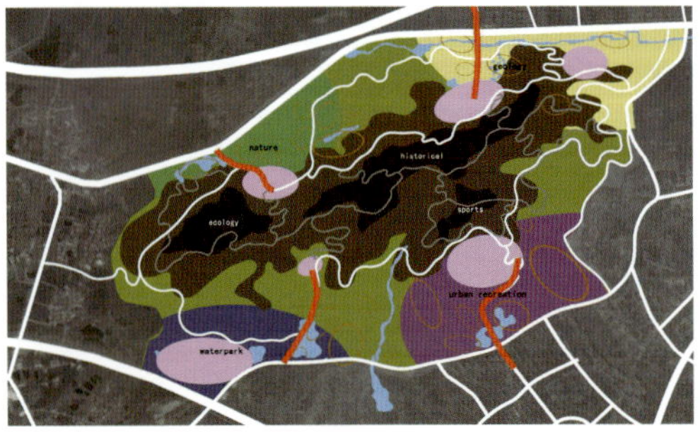

## 长春高新技术开发区南区景观设计

长春高新技术开发区南区，一个“现代科技”的概念被引入硅谷大街，设计原则依循科技性、创新性、文化性、生态性，同时兼顾其经济性、可操作性，务必希望能够塑造出与当地产业与文化紧密结合的并可持续发展的现代式城市街景系统。

一系列的规划设计目标推动了硅谷大道景观设计的形式和功能，在街道空间中设置足够的公共文化交流空间，将在方案中实现体验现代、科技、产业的文化交流空间及景观系统。这些设计将成为一个整体，服务于游客和城市居民。

## 珠海横琴岛总体规划

珠海横琴岛总体规划的理念根基是来源于岛屿自然发展的特征，而不仅仅来自灵感。规划遵循岛上的自然发展状态，维护原有生态平衡，从而使横琴岛维持可持续的发展方式。

我们将横琴岛喻为南中国海上的一支圣洁的马蹄莲，是基于NITA一贯倡导的“GREEN CITY”（绿色城市）理念，结合“呼吸”这个生命存在的必然方式而产生的。我们希望将来的横琴岛是个绿色的、美丽的、怡然的、蓬勃的生命有机体，像一支纯洁、高雅、精致的马蹄莲。通过花的功能作比喻，我们将这些语汇融于设计，让在花中“呼吸”的人们体会它的生命。

## 哈尔滨何家沟项目

何家沟由东河沟、西河沟和干沟三段组成，河道形态呈“人”字形，贯穿哈尔滨西部，东、西河沟汇合于干沟经顾乡大坝西侧汇入松花江。

规划用地河道全长26.5千米，规划范围为以河道中心线向两侧各返45米的狭长范围，总用地238.5公顷。

何家沟被定位为哈尔滨市最重要的水系绿道。设计通过水环境和两岸公园绿地建设，使何家沟形成有机的、可持续发展的活力水系。其滨河空间不但能提供多种生物栖息和城市居民的游憩地，同时也成为松花江清洁的支流和水源。

规划设计力争把何家沟打造成为城市绿色标杆——倡导城市生态文明；都市触媒——聚焦城市独特个性；活力界面——引领城市品质生活。

## 海棠湾GLOIA度假酒店

海棠湾GLOIA度假酒店位于海南省三亚市海棠湾南区，为“国家级海岸疗养康复基地”。总用地面积约610 000平方米。设计将地域性人文脉络和场所精神有机组织，对基地休闲、商务度假及休养的基本功能进行重点设计，将现代人健康高尚的生活模式与东方哲学融合，寻求宾客身心与自然的对话和平衡。

技术与感官的结合，造就独特的地域景观体验。在特有的环境中，将文化中不可割舍的情感元素与独特的文化精神，体现于各级景观之间，通过高差以及植被等处理手法等进行的借景或分割，展现出热带特色的同时创造出具有丰富层次的优质景观。

# 美国HOOP建筑设计有限公司
# HOOP ARCHITECTURAL DESIGN CONSULTANTS. INC.

美国HOOP建筑设计有限公司于2000年在深圳、上海设立分支机构，负责开拓中国大陆市场。在中国，拥有一支经验丰富、精益求精的高水平、国际化专业设计团队，致力于建筑设计、规划设计、景观设计、策划咨询等诸多领域的发展，在高端住宅和综合商业设计领域，表现尤为突出。凭借雄厚的设计实力和国际化的设计理念，HOOP建筑在中国境内已完成大量优秀设计作品并付诸实施，在业内取得了较高的知名度和良好的声誉。

以"专注创新、专业高效、责任至上"为专业宗旨，以"人文精神、团队合作、工作激情"为发展动力，始终致力于为客户提供"独创性、高质量、高效益"的设计服务。

我们与国内众多知名开发商及政府机构都建立了长期战略合作伙伴关系。把客户的信赖视为企业的生命，以出色的专业技能在项目的各个操作阶段为客户提供及时、周到的服务。同时也非常感谢客户为我们提供宝贵的创作机会，使得我们的设计理想得以实现。

HOOP ARCHITECTURAL DESIGN CONSULTANTS,INC, founded in California of USA in 1995, is an influential architectural design consultant in California. It has series of sophisticated works in USA, Canada and Southeast Asia.

HOOP ARCHITECTURAL DESIGN CONSULTANTS,INC, setting up its representative offices in Shenzhen, and Shanghai in 2000 and 2003 respectively, open up China Mainland market. Thanks to marvelous ability, advanced idea, and sincere cooperation of triple parties, we made remarkable achievements.

We emphasize creation of design idea, use best solution to solve problems of aesthetic, technology and economy. We consider staffs' teamwork and natural responsibilities as most important, and regard customers' dependence as our lives. Brand-new design idea, high-level service and ambition to surpass works before constantly are guarantee to finish high quality projects.

USA
Add: 70 Pacific St.Room 615
Cambridge, MA 02139
U.S.A 94086
Tel: 001-617-4525166 Fax: 001-617-4525166
Http://www.hoop-china.com

中国 上海
地址：浦东新区世纪大道1589号
长泰国际金融大厦9楼08-11单元.8楼05单元
Shanghai China
P.C.: 200122
Tel: +86-21-58783137 Fax: +86-21-58782763
Http://www.hoop-china.com

中国 深圳
南山区
高新南四道与科技南十路交汇处
高新技术产业园迈科龙大厦3楼
Shenzhen China
P.C.: 518000
Tel: +86-755-83458622 Fax: +86-755-83458633
Http://www.hoop-china.com

**西塘保利项目**
开发单位:保利房地产开发有限公司
建设地点:浙江 嘉善
建筑规模:282 000平方米
设计时间:2010年
项目状况:实施阶段

**Xitang Poly Residence**
Client: Poly Real Estate Group Co.,Ltd.
Project Location: Jiashan, Zhejiang
Plot Area: 282,000 $m^2$
Design Time: 2010
Project State: Implementation stage

**南京保利紫晶山**
开发单位:保利房地产开发有限公司
建设地点:江苏 南京
建筑规模:340 000平方米
设计时间:2009年
项目状况:竣工完成

**Nanjing Poly Xianlin Residence**
Client: Poly Real Estate Group Co.,Ltd.
Project Location: Nanjing, Jiangsu
Plot Area: 340,000 $m^2$
Design Time: 2009
Project State: Completed

**常州龙湖香缇漫步**

开发单位：龙湖地产
建设地点：江苏 常州
建筑规模：580 000平方米
设计时间：2010年
项目状况：竣工完成

**Changzhou Longhu Project**
Client：Longfor Properties Co., Ltd.
Project Location：Changzhou, Jiangsu
Plot Area：580,000 $m^2$
Design Time：2010
Project State：Completed

**常州绿地世纪城三期**

开发单位：绿地集团
建设地点：江苏 常州
建筑规模：258 926平方米
设计时间：2010年
项目状况：实施阶段

**Changzhou Greenland Residence-Century City Phase III**
Client: Greenland Group
Project Location: Changzhou, Jiangsu
Plot Area: 258,926 $m^2$
Design Time: 2010
Project State: Implementation stage

### 宜兴天氿御城

开发单位：苏宁环球
建设地点：江苏 宜兴
建筑规模：800 000平方米
设计时间：2010年
项目状况：实施阶段

**Yixing Tianqiuyucheng City**
Client: Suning-universal
Project Location: Yixing, Jiangsu
Plot Area: 800,000 $m^2$
Design Time: 2010
Project State : Implementation stage

### 重庆华润置地二十四城

开发单位：华润（重庆）有限公司
建设地点：重庆
建筑规模：600 000平方米
设计时间：2010年
项目状况：实施阶段

**ChongQing CR Land Twenty Four City**
Client: China Resources Land
Project Location: Chongqing
Plot Area: 600,000 $m^2$
Design Time: 2010
Project State: Implementation stage

### 江阴爱家上院

开发单位：上海爱家房地产开发有限公司
建设地点：江苏 江阴
建筑规模：165 000平方米
设计时间：2010年
项目状况：实施阶段

**Jiangyin Aijia Residence**
Client: Aijia Real Estate Group Co.,Ltd.
Project Location: Jiangyin, Jiangsu
Plot Area: 165,000 $m^2$
Design: Time 2010
Project State: Implementation stage

**苏州太阳城三期**

开发单位：苏州雅戈尔置业有限公司
建设地点：江苏 苏州
建筑规模：373 000平方米
设计时间：2009年
项目状况：实施阶段

**Suzhou Sun City Phase III**
Client: Youngor Suzhou
Project Location: Suzhou, Jiangsu
Plot Area: 373,000 m$^2$
Design Time: 2009
Project State: Implementation stage

**南通文峰广场**

开发单位：南通新景置业有限公司
建设地点：江苏 南通
建筑规模：243 000平方米
设计时间：2007年
项目状况：实施阶段

**Nantong Wenfeng Plaza**
Client: Nantong Xinjing Real Estate Co.,Ltd.
Project Location: Nantong, Jiangsu
Plot Area: 243,000 m$^2$
Design Time: 2007
Project State: Implementation stage

**苏州相城中央商贸区**

开发单位：苏州市相城城市建设有限责任公司
建设地点：江苏 苏州
建筑规模：198 000平方米
设计时间：2009年
项目状况：竣工完成

**Central Business District, Suzhou City**
Client: Chengtou Suzhou
Project Location: Suzhou, Jiangsu
Plot Area: 198,000 m$^2$
Design Time: 2009
Project State: Completed

### 宁波城投滨江商业区

开发单位：宁波城投置业
建设地点：浙江 宁波
建筑规模：250 000平方米
设计时间：2010年
项目状况：建筑方案

**Ningbo Riverside Commercial Center**
Client: Corporation Investment Chengtou Ningbo
Project Location: Ningbo, Zhejiang
Plot Area: 250,000 m²
Design Time: 2010
Project State: Building design

### 湖州市便民中心

开发单位：湖州市人民政府
建设地点：浙江 湖州
建筑规模：105 000平方米
设计时间：2011年
项目状况：建筑方案

**Huzhou City Convenience Center**
Client: Huzhou Government
Project Location: Huzhou, Zhejiang
Plot Area: 105,000 m²
Design Time: 2011
Project State: Building design

### 南京苏宁天润城商业地块

开发单位：苏宁环球股份有限公司
建设地点：江苏 南京
建筑规模：900 000平方米
设计时间：2010年
项目状况：实施阶段

**Nanjing Tianrun Cheng Commercial Plot**
Client: Suning Group Co.,Ltd.
Project Location: Nanjing, Jiangsu
Plot Area: 900,000 m²
Design Time: 2010
Project State: Implementation stage

**武汉东湖万达商业广场**

开发单位：万达集团
建设地点：湖北 武汉
建筑规模：102 000平方米
设计时间：2010年
项目状况：实施阶段

**Wuhan Wanda Commercial Center**
Client: Wanda Group Corporation Ltd.
Project Location: Wuhan, Hubei
Plot Area: 102,000 $m^2$
Design Time: 2010
Project State: Implementation stage

# 2010—2011 主要建筑设计作品

## Main Architectural Design Works

*Annual Review of Chinese Architectural Design Works*

## 澳大利亚柏涛（墨尔本）建筑设计有限公司
## PEDDLE THORP ARCHITECTS

澳大利亚柏涛（墨尔本）建筑设计有限公司是澳大利亚最大的建筑设计公司之一。柏涛的历史可以追溯到1889年，一个多世纪以来，柏涛一直走在世界建筑设计行业的前列。

杰出、实用和经济是柏涛公司设计的原则；设计上的创新和技术上的更新是公司的宗旨；技术上的可靠和设计上的独特更是公司长期的声誉之所系。庞大的技术资源，广泛、丰富的经验，使柏涛公司能够承担各种规模、各种类型的区域规划设计和各类建筑的设计。

柏涛建筑设计集团除在澳大利亚几个大城市外，还在东南亚、欧洲和美洲设有分支机构，设计业务遍布世界各地。柏涛墨尔本公司集中了一大批优秀的建筑师和相关专业人员，除开展通常的建筑设计业务之外，还对体育、医疗、住宅建筑设有专门的研究机构。主要作品有澳大利亚国家网球中心、澳大利亚墨尔本奥林匹克公园及自行车赛馆、ESSO澳洲总部、墨尔本水底世界水族馆、马来西亚运动中心，以及众多建于澳洲本地与国外的酒店、商业大厦、政府大厦、写字楼工程、居住区建筑、医疗设施等。

柏涛墨尔本公司在中国的设计机构拥有众多高素质的中外建筑师，国际化的先进设计理念、本地化的优秀团队服务，使公司业务发展迅速。到目前为止，业务范围已覆盖了中国境内26个省、市、自治区，并在上海常设实力雄厚的设计机构。在澳洲本部的支持下，公司有能力在大规模的城市区域规划设计、大型公共建筑设计（包括办公楼、商业中心、酒店、教育行政文化设施、运动娱乐设施、医疗设施等）以及住宅规划设计、建筑设计及园林景观设计等方面，以独特的设计手法、先进的技术和丰富的经验，活跃在国际建筑设计舞台上，并始终如一地为客户提供一流的服务。

Founded in 1889, Peddle Thorp Pty Ltd. has been one of the largest architectural design firms in Australia. For over one hundred years, Peddle Thorp has always been at the forefront of the architectural world.

Pre-eminent, practical and efficient design works are the principles; design innovation and technical renovation are treated tenets; established reputation has been based on technical reliability and unique design. With superior technical resources, advanced computer skills and comprehensive experiences, Peddle Thorp has been specializing in regional planning and architectural design in various scales and categories.

Peddle Thorp Group has practices worldwide with offices in Australia, South East Asia, Europe and America. Supported by a number of outstanding architects and experts, Peddle Thorp provides professional design service for sports, health and various residential projects. Major works are Australian National Tennis Centre, Melbourne Olympic Park and Velodrome, ESSO Headquarters, Melbourne Underwater World Aquarium, Malaysia Sports Centre, and a series of hotels, retail projects, offices, residences, and health facilities both in Australia and internationally.

Peddle Thorp Asia has established business in 26 provinces, autonomous regions and cities throughout China and a branch office in Shanghai, to accommodate a quality team of both Foreign and Chinese architects, introducing an internationally advanced design philosophy. In collaboration with the Melbourne Office, Peddle Thorp Shenzhen is able to provide a wide range of professional planning, architectural design, residential design, and landscape design by utilizing a unique approach. Advanced skills and comprehensive experience commit Peddle Thorp to provide a specialized service for our clients worldwide.

**澳大利亚柏涛（墨尔本）建筑设计有限公司亚洲分公司**
**PEDDLE THORP** ARCHITECTS ASIA
地址：广东省深圳市南山区华侨城生态广场A栋302
邮编：518053
电话：+86-755-2692 8866　传真：+86-755-2690 5186
邮箱：main@szpta.sina.net　网址：www.ptma.com.cn
Add: Room 302, Building A, Ecological Square,OCT, Shenzhen, Guangdong
P.C.: 518053
Tel: +86-755-2692 8866　Fax: +86-755-2690 5186
Email: main@szpta.sina.net　Http://www.ptma.com.cn

1 >> 滕王阁项目【厦门】　　2 >> 华润银湖 · 蓝山【深圳】　　3 >> 中信城项目　【长春】

4 >> 中建 · 开元壹号【西安】

5 >> 大理山水间【大理】

6 >> 畅园【昆明】

7 >> 丰城市 C1–3 地块规划【江西】

8 >> 曦城上苑【合肥】

9 >> 远洋地产长春净月项目【长春】

10–11 >> 长沙天麓项目【长沙】

12 >> 中粮天津六纬路项目体验中心【天津】
13 >> 金地宝山项目【上海】
14—15 >> 中铁逸都国际【贵阳】

12

14

13

15

16

17

16 >> 华润苏州项目【苏州】

17 >> 中星无锡项目【无锡】

18 >> 河北易水城概念规划【河北】

18

19

20

19 >> 国贸长江项目【芜湖】

20 >> 中建 · 国际港【北京】

21 >> 北京中粮后沙峪 A–10 地块【北京】

22 >> 北京 · 丰台商业【北京】

21

22

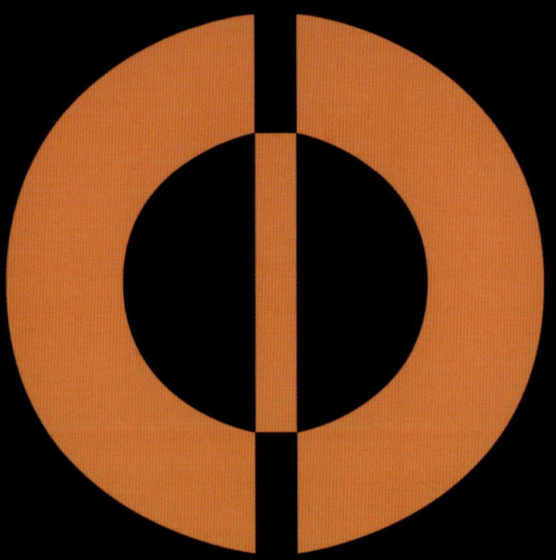

# 美国开朴建筑设计顾问(深圳)有限公司

## CAPA Architecture Designing Consultant (SHENZHEN) Ltd. USA

美国开朴建筑设计顾问（深圳）有限公司注册于美国马里兰州华盛顿行政区，国内总部设于深圳。公司致力于办公楼、高档居住区、城市综合体及旅游度假村、科技园区等的规划与方案设计，以市场为导向，通过产品创新来提升核心竞争力和与环境和谐共生、传承文化、持续发展的生命力。公司作品具有强烈的时代个性和艺术前卫感，服务于国内众多品牌上市公司，打造专业精品是公司长期坚持不变的经营理念。

CAPA Architecture Designing Consultant (SHENZHEN) Ltd. USA. Registered in Maryland, Washington Administrative Region, China headquarters in Shenzhen. Company is committed to planning and designing of office, high-end residential, urban complexes and tourist resorts, science and technology park, Formed close to the market as guide, product innovation and core competitiveness of harmony with the environment, cultural heritage, sustainable development vitality. The company whose works with a strong personality and artistic avant-garde sense of the times serves many domestic brands listed companies. Professional quality remains unchanged as a long-term business philosophy.

地址：广东省深圳市福田区金田路3038号现代国际大厦2001室
电话：+86-755-82557831　传真：+86-755-82557636
网址：www.capadesign.com
邮箱：capa2000@vip.sina.com

Add: Room 2001, Modern International, Jintian Road, Shenzhen, Guangdong
Tel: +86-755-82557831　Fax: +86-755-82557636
http: //www.capadesign.com
E-mail: capa2000@vip.sina.com

1732 CASTLE ROCK RD FRNDERICK MARYLAND AMERICA
Tel: 410-767-1350　888-246-5941
http: //www.capadesign.com
E-mail: capa2000@vip.sina.com

**1–2 成都世纪都会项目**
建设地点：四川 成都
占地面积：39 260平方米
建筑面积：196 294平方米

**1-2 Chengdu Century Metropolis Project**
Construction Location: Chengdu, Sichuan
Site Area: 39,260 $m^2$
Building Area: 196,294 $m^2$

**3–4 龙光深圳综合体概念设计**
建设地点：广东 深圳
占地面积：28 424平方米
建筑面积：104 700平方米

**3-4 Logan Shenzhen Complex Conceptual Design**
Construction Location: Shenzhen, Guangdong
Site Area: 28,424 $m^2$
Building Area: 104,700 $m^2$

成都世纪都会项目定位为引领时尚、领先国际潮流。项目功能为高品质住宅、甲级写字楼、星级艺术酒店、大型购物中心。集大型百货、国际品牌旗舰店、国际影院、高档餐饮、特色文化酒吧为一体的大型国际都市综合体，主要面对的客户为高档商务人士、城市高级白领。

“龙凤呈祥”在中国传统观念里，龙和凤象征着吉祥如意，代表人们对美好生活的向往。项目用地位于成都古城东南方，用地呈“L”形，形似凤展翅，又似龙腾飞，面向成都古城飞去。故方案规划以超高层建筑为头，带领商业、住宅向城市区腾飞，奔腾而去。综合楼的表面设计——韵律、时尚、梦幻般的高山流水境界，其在办公建筑面朝主市区的方向，建筑表皮顺墙面有韵律地延续下来，秉承了高山流水的文化概念，表达了建筑的动态感觉，并吸取高雄大立广场、伦敦30 St Mary Axe的立面意境，运用高科技的现代建筑技术，实现综合楼的时代价值。

1

2

4

5

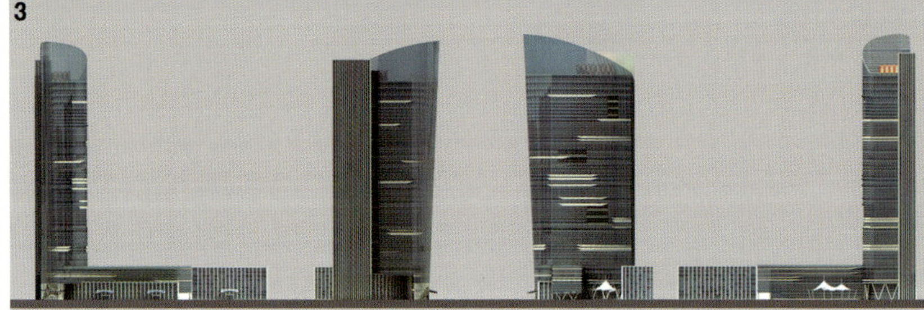

3

1–3 张家港金茂创业大厦建筑设计

建设地点：江苏 张家港

占地面积：15 379平方米

建筑面积：79 166平方米

**1-3 Zhangjiagang Jinmao Chuangye Tower Building Design**

Construction Location: Zhangjiagang, Jiangsu

Site Area: 15,379 m$^2$

Building Area: 79,166 m$^2$

4–5 深圳天信国际广场概念设计

建设地点：广东 深圳

占地面积：25 114平方米

建筑面积：432 600平方米

**4-5 Shenzhen Tianji International Plaza Conceptual Design**

Construction Location: Shenzhen, Guangdong

Site Area: 25,114 m$^2$

Building Area: 432,600 m$^2$

1–2 张家港港城大厦

建设地点：江苏 张家港

占地面积：22 273平方米

建筑面积：69 727平方米

**1-2 Zhangjiagang City Building**

Construction Location: Zhangjiagang, Jiangsu

Site Area: 22,273 m²

Building Area: 69,727 m²

1

3–4 徐州行政中心

建设地点：江苏 徐州

占地面积：127 034平方米

建筑面积：116 469平方米

**3-4 Xuzhou Administration Center**

Construction Location: Xuzhou, Jiangsu

Site Area: 127,034 m²

Building Area: 116,469 m²

3

2

4

1

2

3

4

5

1–3 成都锦江琉璃场项目

建设地点：四川 成都

占地面积：47 190平方米

建筑面积：235 833平方米

**1-3 Chengdu Jinjiang Glass Field Project**

Construction Location: Chendu, Sichuan

Site Area: 47,190 $m^2$

Building Area: 235,833 $m^2$

4–5 西安紫薇意境

建设地点：陕西 西安

占地面积：92 598平方米

建筑面积：398 243平方米

**4-5 Xi'an Ziwei Garden**

Construction Location: Xi'an, Shaanxi

Site Area: 92,598 $m^2$

Building Area: 398,243 $m^2$

1–5 怀来鸿威瑞云文化艺苑

建设地点：河北 怀来

占地面积：1 115 470平方米

建筑面积：721 587平方米

**1-5 Huailai Homeway Ruiyun Culture Garden**

Construction Location: Huailai, Hebei

Site Area: 1,115,470 $m^2$

Building Area: 721,587 $m^2$

1

规划方案立足于本项目山地地形，自由而富有韵律，形成丰富的景观，使得空间不断地变化，富有趣味，有移步换景的效果。峡谷地形更加丰富了景观的层次；借景于峡谷，突出空间的趣味性和吸引力，也增添地块的独特性。独特的地形和地势将造就该项目的独特性和与众不同的品质。

2

5

4

3

1

2

1–2 深圳中粮一品澜山

建设地点：广东 深圳

占地面积：53 113平方米

建筑面积：126 610平方米

1-2 COFCO Shenzhen Yipin Lanshan

Construction Location: Shenzhen, Guangdong

Site Area: 53,113 m²

Building Area: 126,610 m²

3–4 南京建邺金鼎湾状元府

建设地点：江苏 南京

占地面积：58 000平方米

建筑面积：170 627平方米

3-4 Global Golden Tripod Bay Champion's Mansion, Nanjing

Construction Location: Nanjing, Jiangsu

Site Area: 58,000 m²

Building Area: 170,627 m²

3

4

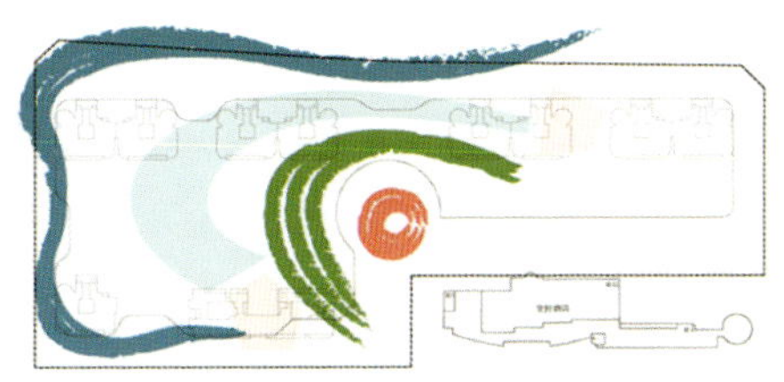

**柔和的建筑形式**

7.3的容积率，3.386万平方米的用地
本方案以曲线的形式呈现在市民面前，以柔和的建筑形式消除高容积率下建筑群带来的压迫感。

**游龙**

蜿蜒曲折的退台、层层叠加的立体绿化，就像一条灵动的游龙盘踞在基地内。方案呈对称布局，基地中心是项目的焦点——圆形退台下沉庭院，代表了龙珠。

**立体公园**

本方案容纳了皇岗村尊重历史、尊重自然环境的生活习惯，休闲娱乐的功能，开放的空间特色。同时，所有功能块均面对立体绿化，这必将成为人与自然相互融合的典范。

1

2

1–2 皇岗庄式花园

建设地点：广东 深圳

占地面积：33 860平方米

建筑面积：326 505平方米

**1-2 Huanggang Village Garden**

Construction Location: Shenzhen, Guangdong

Site Area: 33,860 $m^2$

Building Area: 326,505 $m^2$

3–5 西安紫薇尚层

建设地点：陕西 西安

占地面积：37 467平方米

建筑面积：179 606平方米

**3-5 Ziwei Future Residential Community, Xi'an**

Construction Location: Xi'an, Shaanxi

Site Area: 37,467 $m^2$

Building Area: 179,606 $m^2$

3

4

5

CAPA 美国开朴建筑设计顾问（深圳）有限公司

规划设计

1
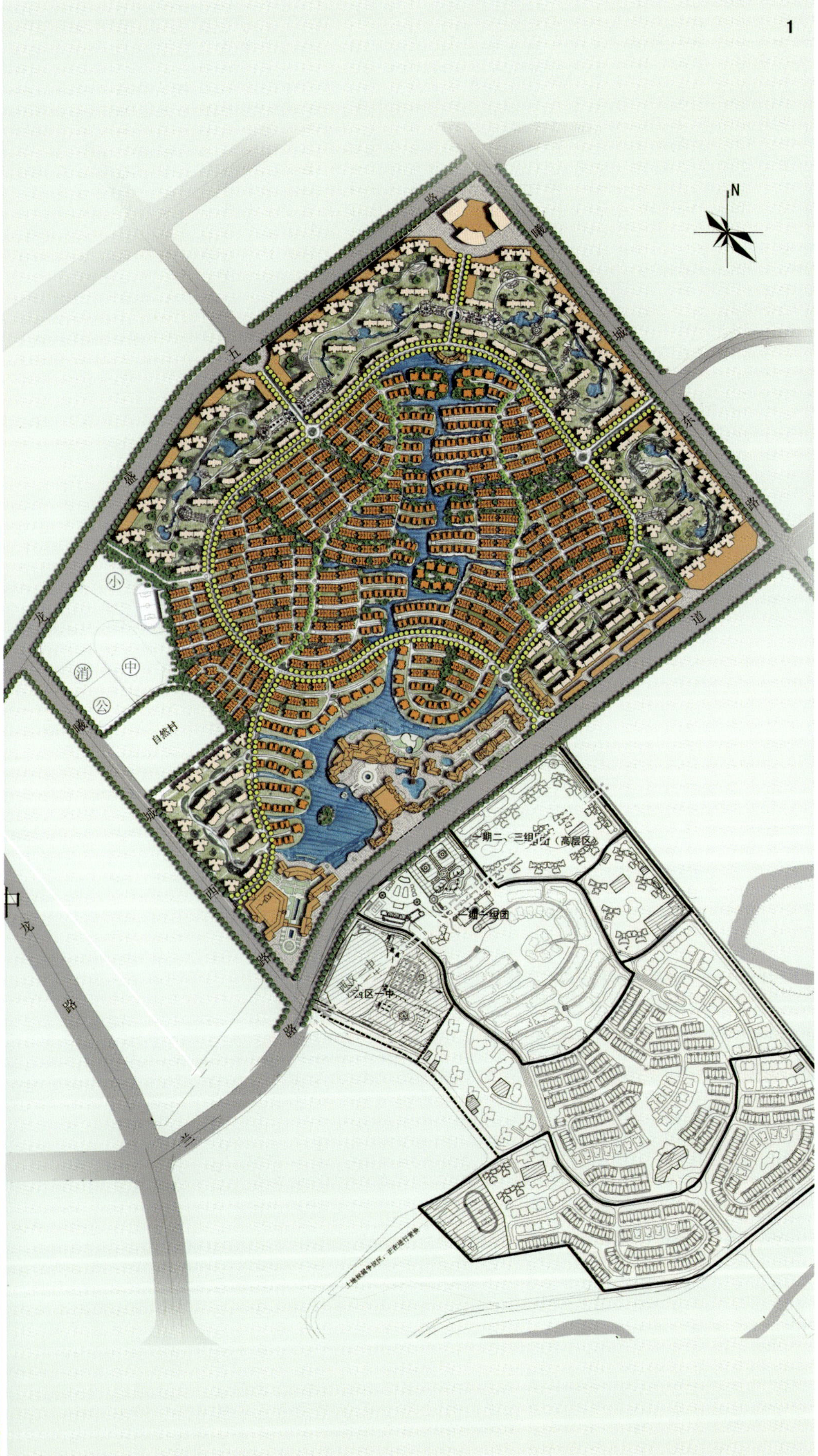

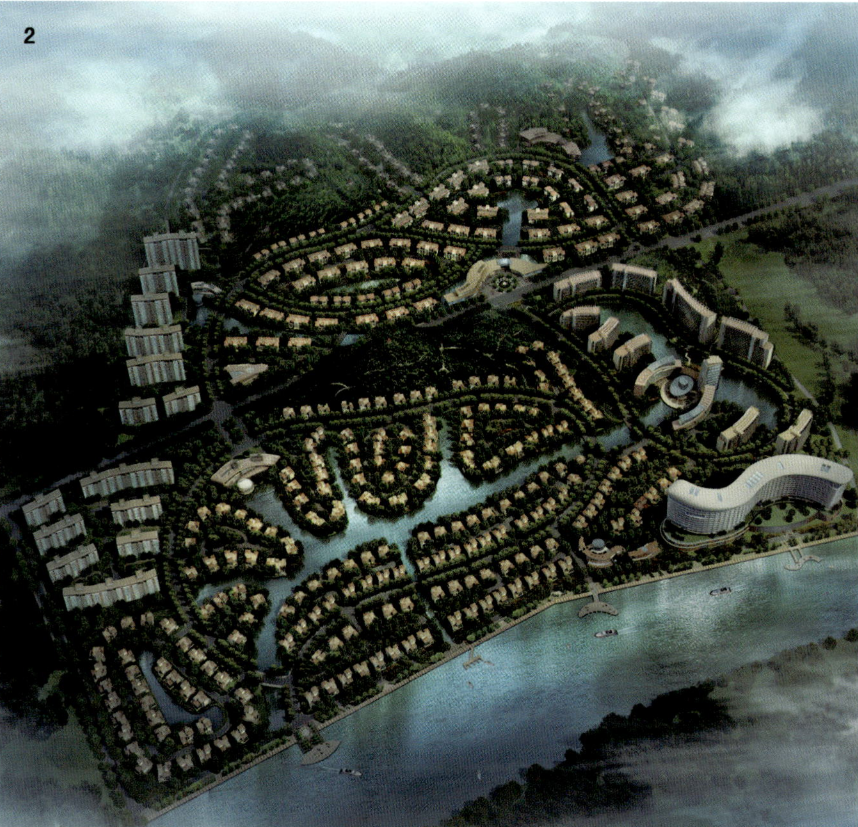

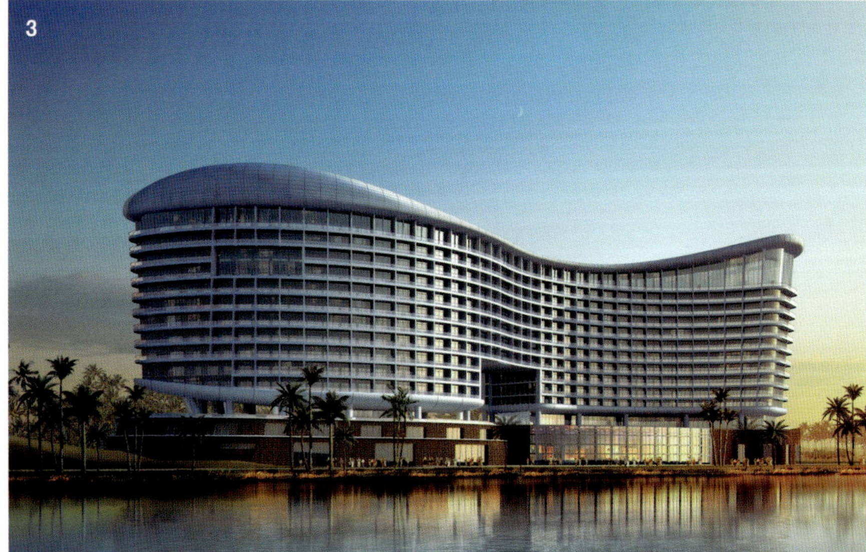

2

3

1 龙光东部曦城

建设地点：广东 惠州

占地面积：117 000平方米

建筑面积：258 000平方米

1 Eastern Xi City of Dragon Optical

Construction Location: Huizhou, Guangdong

Site Area: 117,000 m$^2$

Building Area: 258,000 m$^2$

2–3 休宁·新安江国际旅游养生度假村概念规划设计

建设地点：安徽 黄山

占地面积：699 109平方米

建筑面积：420 412平方米

2-3 International Travel Health Resort Xiuning Xin'anjiang Conceptual Planning and Design

Construction Location: Huangshan, Anhui

Site Area: 699,109 m$^2$

Building Area: 420,412 m$^2$

1–5 聚豪会高尔夫庄园概念规划

建设地点：广东 深圳

占地面积：148 591平方米

建筑面积：60 000平方米

**1-5 Conceptual Design Of Juhaohui Golf Manor**

Construction Location: Shenzhen, Guangdong

Site Area: 148,591 m$^2$

Building Area: 60,000 m$^2$

6 中粮·北纬28°

建设地点：湖南 长沙

占地面积：396 517平方米

建筑面积：654 700平方米

**6 28 ° North Latitude COFCO**

Construction Location: Changsha, Hunan

Site Area: 396,517 m$^2$

Building Area: 654,700 m$^2$

AIM International
[加拿大]
亚瑞建筑景观
[中国甲级]

**2009–2011中国最具影响力境外设计机构**
**2008–2011年度联华国际集团最佳战略同盟伙伴**

中国建筑景观部：
T +86–20–3881 9168
+86–20–3881 1627
+86–20–3884 8126
F +86–20–3881 2825
E A@AIMgi.com（建筑）
La@AIMgi.com（景观）
Q 1124955421

中国室内部：
T +86–20–3881 3815
+86–20–3881 3785
+86–20–3886 4882
F +86–20–3881 1267
+86–20–3438 7365 （广美）
E M@AIMgi.com
Q 491240981

中国商业地产策划（广告部）：
T +86–20–3884 8831
+86–20–3884 8832
+86–20–3884 8823
F +86–20–3880 9480
E I@AIMgi.com
Q 49448826

国际部（加拿大）
T +416–4919 988
F +416–5677 803

国际部（香港）
T +852–2411 6631
F +852–8949 7386


AIM国际设计集团是加拿大、中国香港注册的跨国品牌，是中国、瑞士、加拿大合资设立的甲级建筑设计单位。JET是AIM集团在加拿大的分支机构。广州总部聚集了近300名国际国内专业人才，形成涵盖地产策划、城市规划、建筑设计、室内设计、景观设计、广告设计、项目管理、工程施工八大领域的全程服务产业链。项目覆盖美国、澳洲、加拿大、泰国、中国等国家，项目达数百个。

AIM亚瑞建筑景观设计引进先进的国际项目管理模式，开放、包容、激情的公司文化吸引了众多才华横溢的明星建筑师，在“优秀的设计、优质的服务”理念指导下，已经为近百个项目提供了专业水准的服务。AIM亚瑞伴随客户业主们的成功而迅速成长，同时，多元化的集团模式使AIM亚瑞在策划设计理念和技术手段上也引领着市场方向，逐步赢得世界口碑。

**部分合作伙伴**

中信地产、恒大地产、万达地产、龙光地产、保利地产、联华国际、广晟地产、佛奥集团、光大地产、中南恒展集团、中力集团、吉林大学、鼎峰地产、龙华地产、集安投资、建南集团。

**荣誉**

2009–2011年中国最具影响力境外设计机构
2008–2011年度联华国际集团最佳战略同盟伙伴

AIM Group International is a multi-disciplinary design firm originally formed in Canada. JET is a branch of AIM Group in Canada. We have offices in Canada, Hong Kong China and Guangzhou China. The department in Guangzhou has over 300 staffs including employees from Canada, Britain and Hong Kong, China. Our service projects are all over the world and mainland China. We cross the boundaries of architecture, interior, landscapes and urban design, modeling, graphic design and project management. AIM consists of three departments which are ARUR, Idea and M-team.

AIM ARUR Architectural Design keeps our management method open and flexible to encourage staff to be creative and competitive in a growing firm. With involvement in hundreds of projects across the field of commercial, residential and public buildings around the world, we have gained trust form clients and continued to win a world reputation.

**Some of its partners**

CITIC Real Estate, Evergrande Real Estate, Wanda Real Estate, LOGAN Real Estate, Poly Real Estate, Lanwa International, Rising Real Estate, Foao Group, Everbright Real Estate, CENTENIO Group, Zhongli Group, Jilin University, D.F Real Estate, Longhua Real Estate, Ji An Investment, Jiannan Group.

**Honors**

2009-2011 Annual, China's most influential design agencies outside
2008-2011 Annual, Best strategic alliance partners of Lanwa International Group


**联系我们**

[中　国] 广东省广州市体育西路173号天河大厦综合楼二楼、四楼、五楼

[中国香港] Rm.306 Golden Gate Commercial Building, 136 Austin Road, Tsimshatsui, Kowloon, Hong Kong, China

[加拿大] 91 Glen worth Road, Toronto, Canada

2F

4F

5F

**1 联华｜星河传说荷塘月色二期**

广东 东莞
联华集团
20 000平方米
规划设计｜建筑设计

**GALAXY LEGEND LOTUS POND II**
Dongguan, Guangdong
LIANHUA Group
20,000 $m^2$
Planning & Architecture Design

**2 中信｜德方斯公寓**

广东 东莞
中信集团
90 000平方米
规划设计｜建筑设计
已竣工

**CITIC DEFANGSI MANSION**
Dongguan, Guangdong
CITIC Group
90,000 $m^2$
Planning & Architecture Design
Completed

**3 中力｜大一山庄**

广东 广州
中力集团
150 000平方米
建筑设计

**RISING FRESHMAN HILL**
Guangzhou, Guangdong
ZHONGLI Group
150,000 $m^2$
Architecture Design

**4 SUNSHINE GARDEN**
**佛奥｜阳光花园**

广东 中山
佛奥集团
500 000平方米
规划设计｜建筑设计
已竣工

Zhongshan, Guangdong
FOAO Group
500,000 $m^2$
Planning & Architecture Design
Completed

1

2

3

4

**5 中信｜凯旋国际**

广东 东莞
中信集团
300 000平方米
规划设计｜建筑设计
已竣工

**CITIC TRIUMPH INTERNATIONAL**
Dongguan, Guangdong
CITIC Group
300,000 $m^2$
Planning & Architecture Design
Completed

5

1

2

3

1 中南恒展｜碧江帝景

广东 清远
中南恒展
112 976平方米
规划设计｜建筑设计

**BIJIANG DIJING**
Qingyuan, Guangdong
CENTERIO GROUP
112,976 $m^2$
Planning & Architecture Design

2 中信｜商业广场

广东 东莞
中信集团
89 000平方米
规划设计｜建筑设计
已竣工

**CITIC BUSINESS PLAZA**
Dongguan, Guangdong
CITIC Group
89,000 $m^2$
Planning & Architecture Design
Completed

3 龙华｜尚墅名门

广东 佛山
龙华集团
47 000平方米
规划设计｜建筑设计
已竣工

**LONGHUA SUNSU GARDEN**
Foshan, Guangdong
LONGHUA Group
47,000 $m^2$
Planning & Architecture Design
Completed

4 联华｜花园城

广东 东莞
联华集团
500 000平方米
规划设计｜建筑设计
已竣工

**LIANHUA GARDEN CITY**
Dongguan, Guangdong
LIANHUA Group
500,000 $m^2$
Planning &Architecture Design
Completed

5 广晟｜海韵兰庭

广东 广州
广晟投资集团
140 000平方米
规划设计｜建筑设计
已竣工

**WAVES & ORCHIDS GARDEN**
Guangzhou, Guangdong
GUANGSHENG Group
140,000 $m^2$
Planning & Architecture Design
Completed

4

5

1–2
沙面迎亚运全岛综合整治工程

广东省外事办[左]
鹅潭宾馆[上右]
广东 广州
沙面岛全岛（112栋建筑）
建筑设计 | 景观设计
已竣工

**THE FACADE RECONSTRUCT IN SHAMIAN FOR THE ASIAN GAMES**
GUANGDONG FOREIGN AFFAIRS OFFICE [LEFT]
ETAN HOTEL[RIGHT]
Guangzhou, Guangdong
All Island(112)
Architecture & Landscape Design
Completed

3 东莞道滘客运站

广东 东莞
30 000平方米
规划设计 | 建筑设计
已竣工

**Dongguan Daojiao Central Station**
Dongguan, Guangdong
30,000 $m^2$
Planning & Architecture Design
Completed

4 东莞铂尔曼酒店

广东 东莞
25 000平方米
规划设计 | 建筑设计
已竣工

**Dongguan Pullman Hotel**
Dongguan, Guangdong
25,000 $m^2$
Planning & Architecture Design
Completed

5-6
流花公园展馆

广东 广州
1 175平方米
规划设计 | 建筑设计 | 景观设计
已竣工

**LIUHUA EXHIBITION CENTER**
Guangzhou, Guangdong
1,175 $m^2$
Planning & Architecture
& Landscape Design
Completed

1–2
顺德新粤丰商业广场

广东 顺德
3 000平方米
规划设计 | 建筑设计

**SHUNDE XINYUEFENG SHOPPING MALL**
Shunde, Guangdong
3,000 $m^2$
Planning & Architecture Design

**3 沙河商业中心**

广东 广州
8 000平方米
建筑设计
已竣工

**SHAHE SHOPPING MALL**
Guangzhou, Guangdong
8,000 $m^2$
Architecture Design
Completed

**4 广州国际皮具中心**

广东 广州
43 781平方米
规划设计 | 建筑设计

**INTERNATIONAL LEATHER OUTLET**
Guangzhou, Guangdong
43,781 $m^2$
Planning & Architecture Design

**5 番禺汇珑新天地**

广东 广州
137 158平方米
规划设计 | 建筑设计
施工中

**PANYU HUILONG SUNNYDAY MALL**
Guangzhou, Guangdong
137,158 $m^2$
Planning & Architecture Design
Under Construct

# 2010—2011

# 主要建筑设计作品

## Main Architectural Design Works

*Annual Review of Chinese Architectural Design Works*

烟台万科海云台　Vanke Chefoo Island, Yantai

CONCORD DESIGN GROUP　CDG国际设计机构　城市区域规划　建筑设计　环境景观设计

地址：北京市海淀区长春桥路11号万柳亿城中心A座10层/13层
电话：+86-10-58816545
58816546
58816547
传真：+86-10-58816156
邮箱：cdg@cdgcanada.com
网址：www.cdgcanada.com

## 长春远洋戛纳小镇 SINO-OCEAN Cannes Town, Changchun

## 青岛万科东郡 Vanke East County, Qingdao

## 公司简介

CDG国际设计机构是由多家境外设计事务所组成的专门针对中国市场的设计机构，2001年在加拿大不列颠哥伦比亚省首府维多利亚市注册成立。

CDG国际设计机构利用其主要合伙人对中国市场的了解及与长期合作客户的良好互信的伙伴关系，整合境外及本土的优秀设计资源，为不同需求的客户提供最优化的设计组合。

CDG国际设计机构目前在北京设有办事处，设计人员100余人。境外组合机构包括建筑设计及环境景观设计机构，服务范围涉及城市区域规划、建筑设计、环境景观设计等。

CDG INTERNATIONAL DESIGN LTD. consists of several overseas design firms, all focusing on the Chinese market. It was registered in 2001 in Victoria B.C., Canada.

The main partners of CDG are very familiar with the Chinese market, and they all have long established mutual trusting relations with a wide variety of clients. The Group integrates excellent overseas and native design resources, providing the best design combination for each client with differing demands. With a mastery of European, American and Chinese architectural theory and practice, CDG successfully collaborates with a wide variety of designers, introduces new ideas and rigor into Chinese projects.

At present there is a main branch of CDG in Beijing, including about 100 designers. All of the branches provide services in the fields of urban planning, architectural design, landscape design.

廊坊华夏铂宫　Noble Asset, Langfang

CONCORD DESIGN GROUP　CDG国际设计机构　城市区域规划　建筑设计　环境景观设计

公司近年主要项目一览表

综合区域规划/建筑设计

1. 沈阳万科惠斯勒小镇
2. 中铁余杭项目
3. 富力北京旧宫项目
4. 富力上海昆山项目
5. 中建北京燕京桥项目
6. 中铁长春西湖项目
7. 吉林广泽紫晶城
8. 美克天津嘉美湾
9. 济宁北湖项目
10. 北京永定河孔雀英国宫
11. 青岛万科东郡

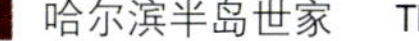

临淄太公湖高尔夫球会别墅　Taigong Lake Golf Villa, Linzi

哈尔滨半岛世家　The Peninsula Mansion, Harbin

12、烟台万科假日风景
13、北京潮白河孔雀英国宫
14、廊坊公务员小区
15、沈北亚泰新城
16、中铁北京马坡项目
17、烟台万科海云台
18、沈阳信达理想新城
19、长春万科惠斯勒小镇
20、天津万科张家窝片区规划
21、天津万科士林苑
22、泰辰鲅鱼圈海湾馨城居住区
23、廊坊华夏铂宫
24、长春中东净月湾
25、松原中东班芙小镇
26、通化中东帕萨迪娜
27、青岛万科城市花园
28、天津万科金色雅筑
29、鞍山万科惠斯勒小镇
30、廊坊锦瑞尚城
31、天津嘉铭中新生态城红树湾
32、中铁置业沈阳人杰水岸
33、万科长春228厂地块概念设计
34、沈阳万科金域兰湾
35、青岛万科金色城品
36、廊坊华元和庭
37、沧州大合庄京旧城改造
38、东莞同沙项目
39、北京大学肖家河居住区
40、北京阿凯笛亚别苑
41、鞍山万科城
42、北京密云中加会馆
43、万科长春净月2#地
44、长春吉林农大棚户区改造
45、东莞香树丽舍居住区
46、金隅万科城概念设计
47、东莞锦盛年华居住区
48、贵阳花溪大地之舞大剧院地块
49、廊坊嘉轩凤凰城
50、北京金隅小营西路项目
51、东莞凯逸豪庭
52、长春伊通河地王居住区
53、北京海棠公社
54、廊坊华夏水晶城
55、东莞凯旋门江滨居住区
56、东莞天骄峰景居住区
57、北京首创京棉一厂改造
58、北京首创吉普厂改造概念设计
59、北京归谷园二期概念设计
60、北京通州漷县镇中心概念规划
61、东莞松山湖商住中心区规划
62、东莞理想0769家园
63、东莞海怡花园三期
64、东莞金鳌湾江岸公寓
65、北京中海高尔夫花园
66、东莞盛世华南居住区
67、北京鹿港嘉苑
68、北京博雅西园

长春万科惠斯勒小镇　Vanke Whistler Town, Changchun

CONCORD DESIGN GROUP　CDG国际设计机构　城市区域规划　建筑设计　环境景观设计

商业、公共建筑设计

1、长春远洋戛纳小镇
2、白山广泽城市综合体
3、张家口融侨龙泉广场
4、张家口融侨水泉沟项目
5、哈尔滨天邑蓝湾
6、长春中东南部新城项目
7、长春中东铁北项目
8、青岛天泰城美立方
9、吉林中东凯悦公馆
10、通化滨江戴思酒店
11、松原中东新天地商场&帕萨迪娜
12、北京国际青年创意中心概念设计
13、廊坊东115项目
14、通化规划大厦

海口香格里拉国宾馆　Shangri-La Resort, Haikou

沈北亚泰新城项目　Shenbei Yatai New Town, Shenyang

15. 通化中东新天地商场
16. 大连正源华南餐饮城
17. 成都海峡两岸科技开发园中心商务区
18. 长春万科兰乔圣菲商业公寓
19. 张家口五一广场
20. 广饶商业中心区
21. 廊坊一号
22. 东莞横岗水库度假村
23. 北京悦港城
24. 东莞豪凯五星大酒店
25. 东莞松山湖锦绣山河城市中心
26. 东莞华南商场生活城E&F区
27. 廊坊第六大街
28. 胜芳中心广场
29. 北京龙腾文化广场
30. 东莞樟木头沃尔玛广场
31. 宜昌长江帝景6号综合楼
32. 东莞亿兆厚街商业广场
33. 丹东边境经济合作A区-E区
34. 北京彼岸青滩高尔夫会所
35. 贵阳半岛国际大酒店
36. 廊坊第八大街西区
37. 北京望京六佰本随便消费区
38. 北京后沙峪政府办公楼
39. 北京酒仙桥风情商业街
40. 东莞广华商贸中心区
41. 东莞万江区行政中心
42. 北京卷石天地
43. 华南MALL

## 别墅

1. 临淄太公湖国际高尔夫别墅
2. 海口香格里拉国宾馆
3. 吉林松花湖别墅
4. 中体潍坊高尔夫社区别墅
5. 长沙中铁水映加州
6. 唐山万科南湖别墅
7. 河东蓟县别墅
8. 哈尔滨半岛世家
9. 沈阳半山湖别墅
10. 长春昂展净月别墅
11. 长春观澜湖别墅
12. 沈阳岭墅
13. 北京阿凯笛亚庄园二期别墅
14. 长春万科潭溪别墅
15. 长春国信·美邑
16. 北戴河总部基地
17. 沈阳万科兰乔圣菲三期\四期\五期
18. 东莞松山湖锦绣山河二期别墅
19. 东莞紫园别墅
20. 长春天安第一城三期
21. 北京中海安德鲁斯庄园
22. 北京阿凯笛亚庄园
23. 东莞松山湖锦绣山河一期别墅
24. 东莞江畔花园游艇别墅
25. 北京银湖别墅

## 造型设计项目

1. 天津中天首府
2. 北京翰庭
3. 北京金隅七零九零
4. 潍坊白浪金沙商业广场
5. 北京福泰华城
6. 北京总部公寓
7. 北京半岛国际公寓
8. 北京金隅丽港城
9. 北京博雅园

潮白河 · 孔雀英国宫 UK Palace, Chaobai River

永定河 · 孔雀英国宫 UK Palace, Yongding River

CONCORD DESIGN GROUP CDG国际设计机构 城市区域规划 建筑设计 环境景观设计

景观设计

1. 临淄太公湖国际高尔夫别墅
2. 哈尔滨半岛世家
3. 河东蓟县别墅
4. 哈尔滨天邑蓝湾
5. 沈北亚泰新城
6. 长春昂展净月别墅
7. 唐山万科南湖别墅
8. 廊坊华夏铂宫
9. 长春观澜湖别墅
10. 天津中天首府
11. 北京阿凯笛亚别苑
12. 长春万科潭溪别墅
13. 北戴河总部基地
14. 鞍山万科城
15. 长春国信 · 美邑
16. 沈阳万科兰乔圣菲别墅三期/四期
17. 北京酒仙桥风情商业街
18. 宜昌长江帝景
19. 北京阳光大厦广场

## 中铁置业沈阳人杰水岸　Zhongtie Elite Bayshore, Shenyang

## 中铁余杭项目　Zhongtie Yuhang Project

## 荣誉

CDG国际设计机构荣获　2010年住房和城乡建设部中国建筑文化中心“中国最具影响力商业地产设计机构”奖
CDG国际设计机构荣获　2010年中国房地产年度总评榜“中国最具风格规划设计机构”奖
中铁人杰水岸荣获　2010年中国房地产年度总评榜年度“城市规划设计”大奖
CDG国际设计机构荣获　2009年住房和城乡建设部中国建筑文化中心“中国最具影响力境外设计机构”奖
“沈阳万科金域兰湾”荣获　2008年中国人居典范建筑规划“设计方案规划金奖”

“国信·美邑”荣获　2008年中国住交会“中国名盘·优秀别墅”大奖
CDG国际设计机构荣获　2007年亚洲房地产峰会“亚洲建筑规划设计区域十大品牌机构”奖
中海安德鲁斯庄园"荣获　“2007年詹天佑大奖住宅区金奖”
林世彤荣获　2007年亚洲房地产峰会“亚洲建筑规划设计区域十大创新人物”称号
“华南MALL”荣获　“2004年中国建筑艺术奖”
2006年被美国新闻周刊评为“人类新七大奇迹之一”

# 美国EBU建筑设计咨询（中国）有限公司

# EBU ARCHITECTURE DESIGN CONSULTATION CO., INC.

EBU建筑设计咨询有限公司是美国最富前瞻性与创新力的设计公司之一，总部位于美国南部工业城市达拉斯。

多年来，EBU在城市及区域规划、旅游地产规划、办公建筑、酒店建筑、居住建筑、社区建筑、高层建筑、绿色建筑、商住综合体建筑以及景观和室内设计等方面成功设计了许多令人瞩目的优秀工程项目，积累了丰富的设计及工程经验。

主要的合伙人和设计骨干，除了依托其丰富的设计经验和专业鉴别力亲历亲为，负责公司的各类工程项目外，还积极参与建筑业的学术团体、政府机构和社区服务活动，在美国具有广泛的影响。

EBU于2000年进入中国市场，在经历了多年与中国同行的合作设计后，于2004年3月在中国上海注册成立了美国EBU建筑设计咨询（中国）有限公司(中文名：东筑建筑设计)。EBU在中国上海拥有近40人的团队规模，通过国际化的项目管理和技术培训锤炼出一批对中国建设市场和文化背景有着深刻认识的专业团队，并依托卓越的设计实力，与国内多家国家级设计机构建立起紧密的合作关系。

EBU（中国）多年来致力于提供高素质和全套完整的设计服务，并以国际化的设计观念和实务运作享誉业界。公司以"全球的参与……无限的构思……"为指导思想，充分利用公司强大的设计团队、丰富的管理经验和广泛的技术资源，针对每个项目的个性化问题与不同挑战，量身配置项目团队，纵深剖析客户要求，睿智思考，缜密构想，在设计中充分考虑建筑造价、地域性文化的延续、人文与生态环境等因素对项目的影响，完美提供创造性的解决方案，为城市、建筑的发展提出自己的见解。我们将全球领先的设计理念与中国境内市场条件相结合，寻求服务的最高性价比，精心呵护每一个项目，并以我们的专业知识和实践经验为基础全力推进设计质量，以实现"设计创造价值"的服务目标。

作为一个不断发展的设计公司，EBU凭借强大的设计实力、先进的设计理念以及团队成员的精诚合作，已经在中国境内的18个省市重点区域完成了众多项目的设计工作，取得了骄人的成绩。现在，EBU正在稳步构建一个以达拉斯和上海为中心的综合类设计集团，以开发项目全流程设计服务为核心，全力以赴并始终如一地为全球客户提供一流的服务。

EBU Architecture Design Consultation Co., Inc. was registered in Delaware and the head office was in Dallas, one of the famous industrial centers in US. EBU is trying to build one of the most creative and foresighted design companies.

EBU had a lot of practical and successful experience in urban/regional planning, resort, office, hotel, residential, community, high-rise, green building, residential/commercial mixture building, landscape design and interior design in the past years. The partners and chief designers, relying on their rich experience, not only operate and responsible for various projects but also are active participants in architecture, planning and landscape academic groups, public and community services by which built a respectful reputation in USA.

EBU first explored Chinese market in 2000. After several years' cooperation with Chinese partner, EBU Architecture Design Consultant (China) Co., Inc. (Dongzhu Architecture Design Co. Inc. in Chinese) was registered in Shanghai, China in March 2004. EBU had a great understanding of local designing market and culture background in China. By managing international project and inputting in professional training, the team has been grown up to a mature team with approximately 40 practioners and kept strategically cooperation with several national level local design institutes.

For several years, EBU (China) is well-known for committed to providing high-quality and full construction services through global leading design concepts and practical operations. EBU takes "Global Participant and Infinite Idea" as company's ideology, fully utilizes strong design team, rich management experiences and wide range of technical sources, especially aiming at customizing each project with different challenges, team organization, in-depth analysis of customer requirements, smart ideas, sophisticated thinking for effects of construction cost, regional culture continuity, humanistic and ecological factors to provide ideal creative solutions by bringing our professional construction and development ideas. In order to achieve our service target as"design to create value", we will combine the global design concept, Chinese wisdom and market to maximize cost-effective service, well-care of our every project, and enhance our design quality through professional knowledge and practical experiences.

As a growing design company, EBU had been involved as a high-reputation FSP (Full-service-process) Design Company and finished successfully in 18 different provinces in China. EBU (China) is an active advocator in building a Dallas-Shanghai based international professional design group to dedicate ourselves to provide high quality service for all the clients.

中国
地址：上海市卢湾区局门路550号8号桥
创意园三期7号楼7202-7203室
电话：+86–21–33315277
传真：+86–21–33315399
邮箱：ebu@ebuarchitects.com
网址：www.ebuarchitects.com

CHINA
Add: Rm. 7202-7203 Block 7, Phase III Bridge 8,
No. 550 Jumen Rd. Shanghai 200023 P.R.C.
Tel: +86–21–33315277
Fax: +86–21–33315399
E-mail: ebu@ebuarchitects.com
http://www.ebuarchitects.com

US
Add: 7457 Glass House Walk.Frisco
Texas.U.S.A. 75035
Tel: 001–214–387–0704
E-mail: ebu@ebuarchitects.com

## 办公商务类
## Commercial Office

### 苏陕国际金融中心

业　　主：中登集团
设计内容：规划、建筑方案
建设地点：陕西 西安
用途：超高层甲级写字楼、五星级酒店
用地面积：42 005平方米
总建筑面积：225 022平方米
设计日期：2009年
项目情况：方案设计

### Su Shan International Finance Centre

Owners: Zhongdeng Group
Design Elements: Planning, Building Programs
Building Location: Xi'an, Shaanxi
Uses: High-rise, Five Star Hotels
Land Area: 42,005 m$^2$
Total Floor Area: 225,022 m$^2$
Design Time: 2009
Project Status: Design

# 旅游地产
## Tourism Real Estate

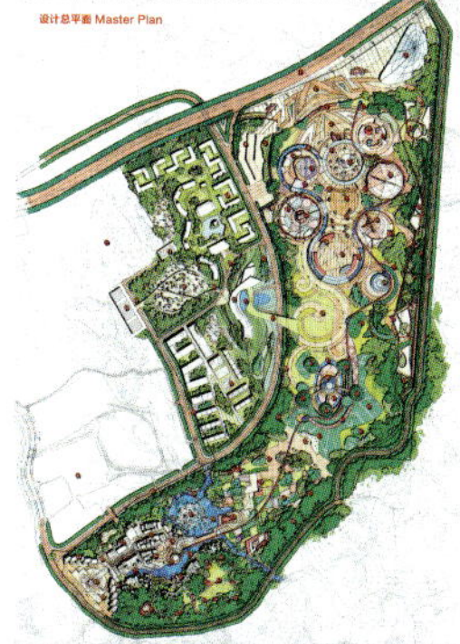


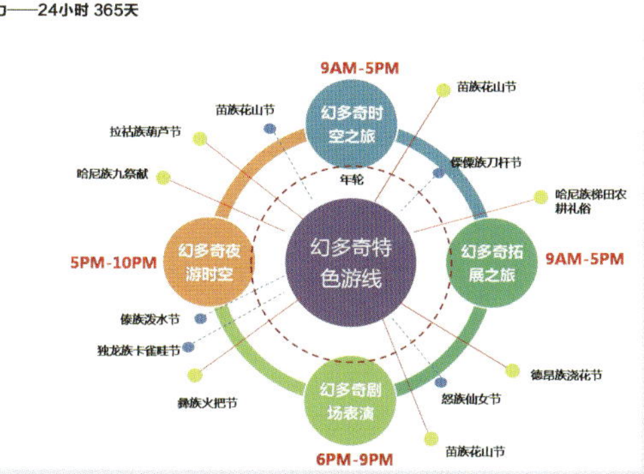


### 石林幻多奇主题公园概念规划与设计

用地面积：88.6公顷
建筑面积：169 600平方米
建设地点：云南 石林
设计时间：2010年
设计功能：旅游地产／特色性主题公园

### Concept Master Plan and design of Shilin Huanduoqi Theme park

Land Area: 88.6 ha
Building Area: 169,600 m$^2$
Building Location: Shilin, Yunnan
Design Time: 2010
Design Features: Tourism, Real Estate / Theme Park

### 石林旅游服务区综合服务中心修建性详细规划

用地面积：50公顷
建筑面积：257 000平方米
建设地点：云南 石林
设计时间：2010年
设计功能：综合型旅游服务中心

### Detailed Plan for Complex Service Center Stone Forest

Land Area: 50 ha
Building Area: 257,000 m$^2$
Building Location: Shilin, Yunnan
Design Time: 2010
Design Features: Integrated Tourism Service Center

## 高端物业类
## High-end Property

### 云南石林高尔夫别墅项目

设计内容：规划与建筑设计
建设地点：云南 石林
用　　途：高尔夫度假别墅
建设地点：91 037平方米
容 积 率：0.24
设计日期：2009年

### Yunnan Shilin Golf Villa

Design Content: Planning and Design
Building Location: Shilin, Yunnan
Uses: Golf Villa
Land Area: 91,037 $m^2$
Plot Ratio: 0.24
Design Time: 2009

### 洛阳国龙龙城项目规划与建筑设计

业　　主：洛阳国龙置业有限公司
设计内容：规划与建筑设计
建设地点：河南 洛阳
用　　途：高层住宅
用地面积：17.45公顷
容 积 率：5.0
设计日期：2010年

### Architecture Design for Apartment of Guolong Project, Luoyang

Owners: Luoyang Guolong Properties Company Limited
Design Content: Planning and Design
Building Location: Luoyang, Henan
Uses: High-rise Residential
Land Area: 17.45 ha
Plot Ratio: 5.0
Design Time: 2010

## 南方东银重庆建设厂项目

业　　主：南方东银集团
设计内容：规划、建筑方案、
　　　　　初设、施工图配合
建设地点：重庆
用　　途：滨江豪宅
用地面积：8.01公顷
总建筑面积：369 920平方米
容 积 率：3.90
设计日期：2009年

## Project of Architecture Design for Factory Building

Owner: Nanfang Dongyin Property Company, Chongqing
Design Elements: Planning, Building Programs,
Preliminary Design, Working Drawings
Building Location: Chongqing
Uses: Riverside Luxury
Site Area: 8.01 ha
Total Floor Area: 369,920 $m^2$
Plot Ratio: 3.90
Design Time: 2009

# 城市商业综合体 Urban Commercial Complex

## 石林生态酒店式公寓修建性详规

业主信息：云南圆通投资有限公司
用地面积：28.67公顷
建筑面积：193 191平方米
建设地点：云南　石林
设计时间：2011年
设计功能：高尔夫度假公寓及石林景
　　　　　区商业配套

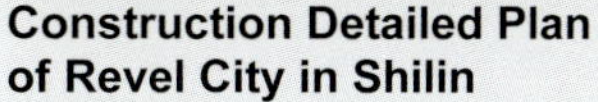

## Construction Detailed Plan of Revel City in Shilin

Owners Information: Yunnan Yuantong
Investment Co., Ltd.
Land area: 28.67 ha
Building Area: 193,191 $m^2$
Building Location: Shilin, Yunnan
Design Time: 2011
Design Features: Stone Forest Scenic Spot Golf
Resort Apartments
and Commercial Facilities

## 大理风城星座

业主信息：大理金洲房地产开发有限公司
设计内容：规划、建筑方案
建设地点：云南　大理
用　　途：住宅、酒店公寓、商业、酒吧
用地面积：29 198.2平方米
地上建筑面积：146 023平方米
容 积 率：5.0
设计日期：2009年

## Constellation Dali Windy City

Owner: Dali Jinzhou Real Estate Development Co., Ltd.
Design Elements: Planning, Building Programs
Building Location: Dali, Yunnan
Uses: Residential, Hotel Apartments, Commercial, Bar
Site Area: 29,198.2 $m^2$
Ground Floor Area: 146,023 $m^2$
Plot Ratio: 5.0
Design Time: 2009

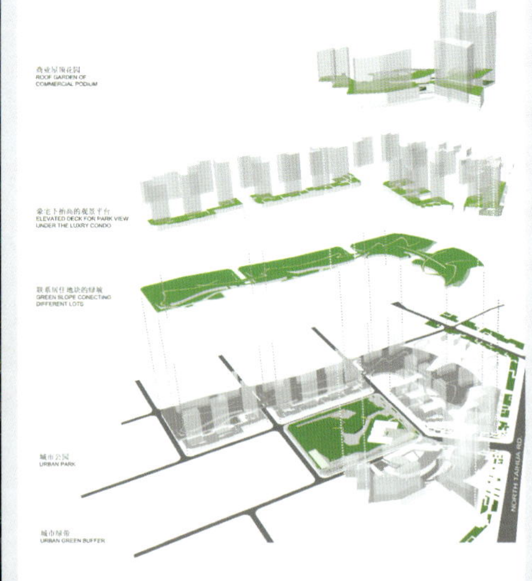

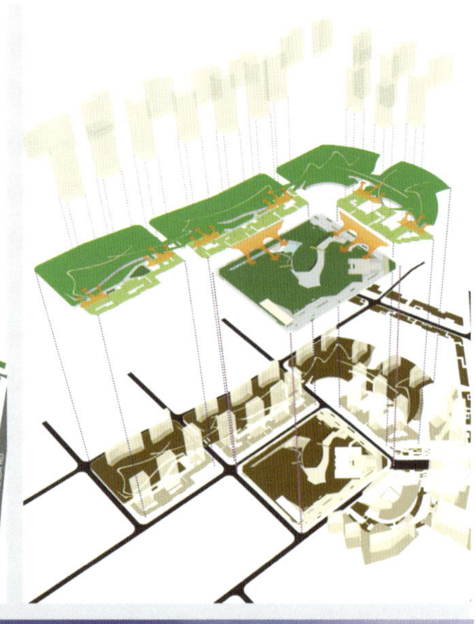

## 陕西华岭地产西安“中央公园”项目概念性规划设计

业　　主：陕西华岭地产
建设地点：陕西 西安
设计内容：规划设计，建筑设计
用　　途：大型综合性商业、办公、度假酒店、
　　　　　酒店公寓、豪宅、会所
总用地面积：22.4公顷
地上筑面积：830 000平方米
容 积 率：3.7
设计日期：2011年

## Conceptual General Planning Design for Central Park Project

Owner: Hualing, Shanxi Real Estate Co., Ltd.
Building Location: Xi'an, Shaanxi
Design Elements: Planning and Design, Architectural Design
Uses: Large-scale Comprehensive Commercial, Office, Resort Hotels,
　　Hotel Apartments, Luxury, Club
Total Land Area: 22.4 ha
Ground Floor Area: 830, 000 $m^2$
Plot Ratio: 3.7
Design Time: 2011

## 绿色建筑 Green Buildings

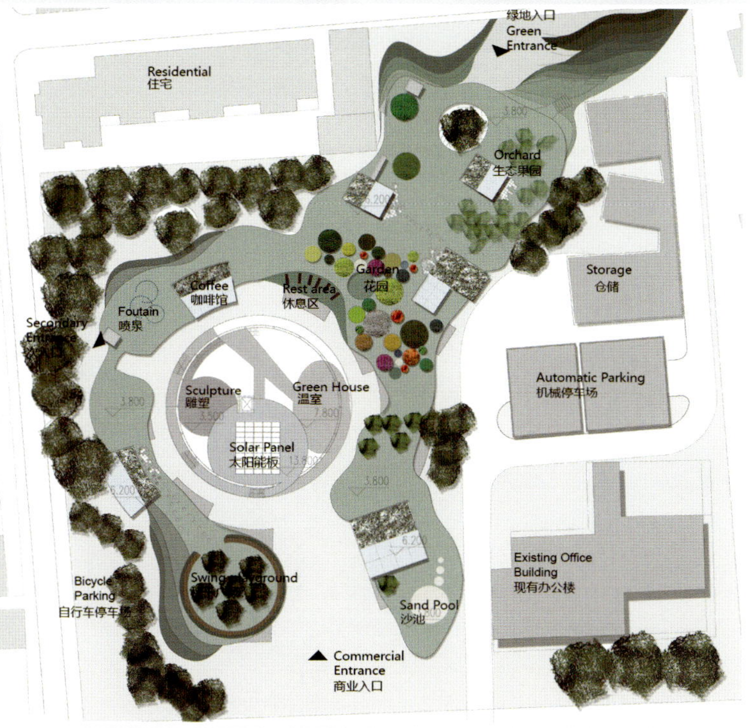


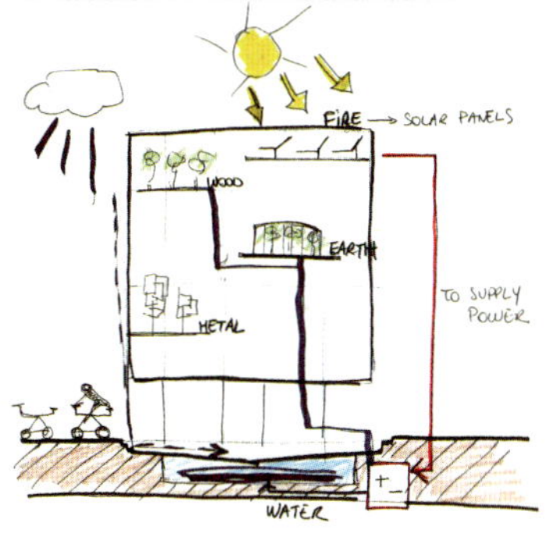

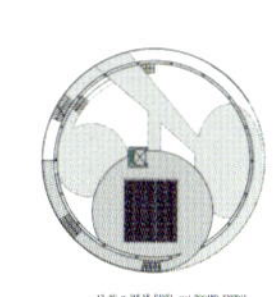
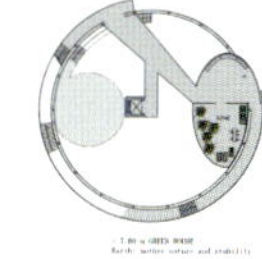
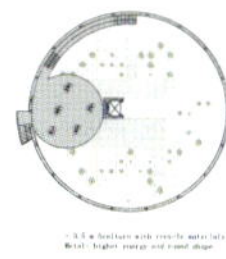
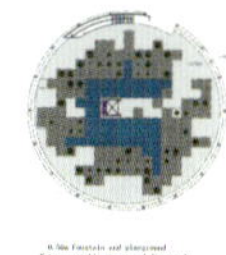

### 昆山煤气厂棕地改造项目竞标

业主信息：昆山城市建设投资发展有限公司
用地面积：14 738平方米
建筑面积：4 198平方米
建设地点：上海
设计时间：2010年
设计功能：棕地项目改造、生态公园、商业配套

基地原址为煤气工厂，由于它的迁走给这个城市和城市人口带来新的景象。

本项目包括了保留过去的印象和促使人们对于自然更多的关注。

项目既是商业也是公园，我们想在这两者之间建立一个“健康”的合作关系。

我们沿用了圆形的工厂基地来创造成为一个广场。目标是将人们集合到这样一个温暖的地方。人们可以在这里感受到浓浓绿意，可持续发展的生态科技，并且可以充分享受自由购物的快乐。

工厂基地的广场中心表现了自然的力量。三个入口实现了通行，北边主要服务于住宅区，南边面对主路成为主要的商业入口，西北边则是一个较为私密的入口。

为了创造出一个自然公园，圆形的基址将被商店，有机的绿色覆盖层包围着。这个公园也包括了各种各样的植物与咖啡厅。

煤气罐本身是竖向的自然，运用了中国金、木、水、火、土“五行”的概念。

意义上是运用自然物质自身动态的性能，隐喻着一些自然现象。

第一层代表了“水”。作为底层，可以收集雨水、电池和植物净化。

第二层代表了“土”，由温室组成，包含了一些农业植物，比如空心菜和泰国罗勒。

第三层的高度为13.80米，是一个太阳能板的平台，共放置了6块太阳能板。这一层代表了“火”。

### Kunshan Brown Land Project Competition

Owners Information: Kunshan City Construction Investment Development Co., Ltd.
Land Area: 14,738 m$^2$
Building Area: 4,198 m$^2$
Building Location: Shanghai
Design Time: 2010
Design Features: Brown Land Reform Projects, Ecological Parks, Commercial Facilities

KUNSHAN PROJECT-OPTION 1: “REBIRTH”

The project consists in keeping the image of the past and motivate the people to be aware of the nature.

The program is both commercial and park so we thought about making “pleasant” collaboration between them.

The site was a gas factory, and we respected the original round shape in order to create a plaza. The goal is to gather people in a warm place to enjoy the green feeling, sustainable techniques and the shopping in an open-minded environment.

The park contains a great diversity of plants and coffee places.

The center of the plaza in place of the factory is a cylinder of vertical nature, implementing the Chinese concept "wuxing" about the 5 senses: wood, fire, earth, metal, water.

The meaning was to use the natural substance for their dynamic property, in this way the cylinder allows to met aphorize some natural phenomenon.

The ground floor represents “WATER”. The basement receives the rainwater, the battery and purifying plants.

The first floor is the image of the “METAL” for exhibition of sculptures made with recycle materials found on the site.

The second floor is a green house containing some farming as water spinach, Thai basil. It is represents the sense “EARTH”.

The third floor at 13.80m is the platform of solar energy. Indeed 6 solar panels are established. This floor is the “FIRE” representative.

## 景观园林 Landscape

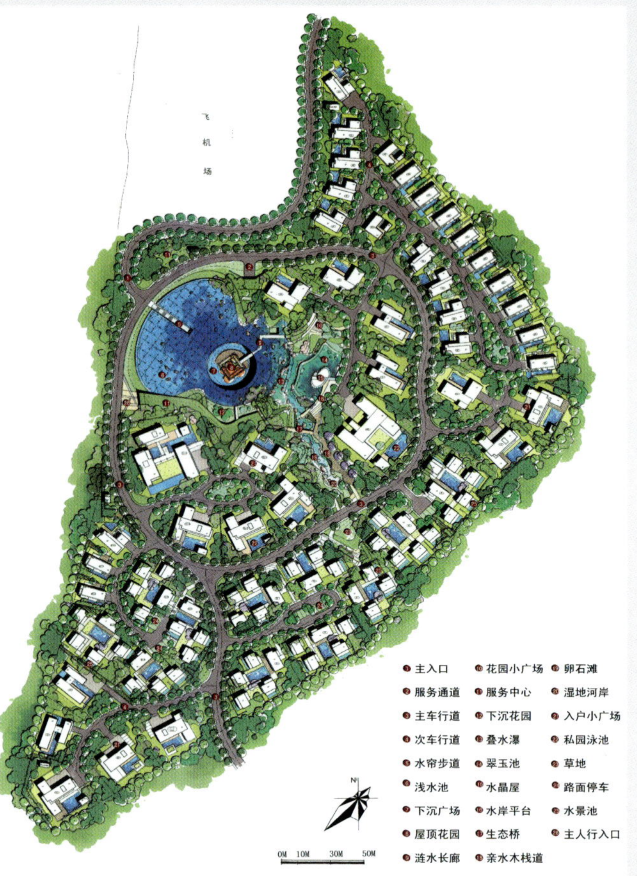


### 石林生态民族运动场撒尼生态运动员公寓项目景观设计

业　　主：云南圆通房地产开发有限公司
设计内容：景观设计
建设地点：云南　石林
用　　途：运动员公寓
用地面积：91 037平方米
地上建筑面积：21 849平方米
容 积 率：0.24
设计日期：2010年

### Landscape Design for Competitor Apartment in Ecological and Ethnological Stadium, Shilin

Owner: Yunnan Yuantong Real Estate Development Co., Ltd.
Design Content: Landscape Design
Building Location: Shilin, Yunnan
Uses: Athletes Apartments
Land Area: 91,037 $m^2$
Ground Floor Area: 21,849 $m^2$
Plot Ratio: 0.24
Design Time: 2010

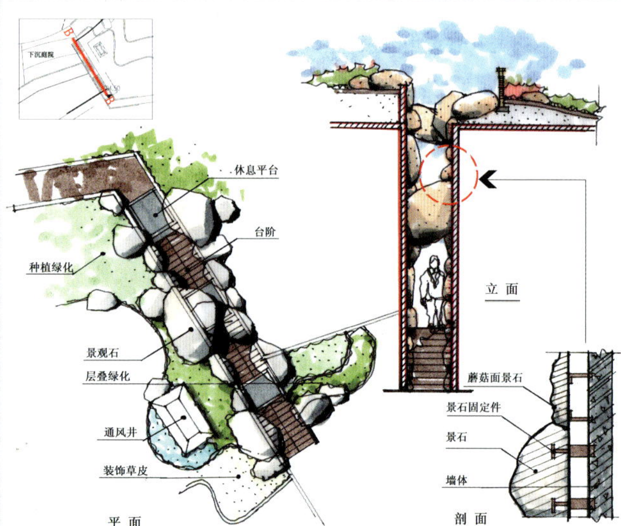


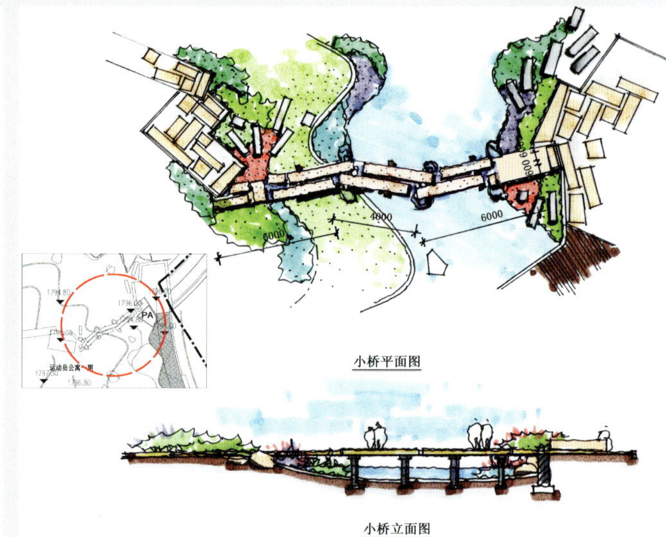


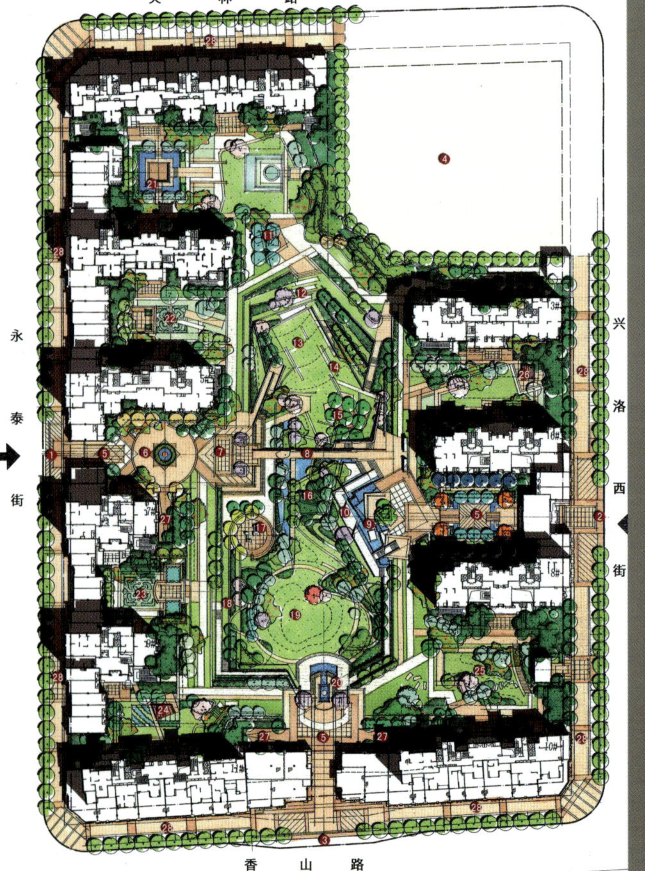


1 主入口
2 人行主入口
3 南入口
4 售楼处
5 特色入口广场
6 花坛广场
7 特色广场
8 景观桥
9 特色跌水
10 栈道平台
11 树阵广场
12 条石台阶
13 生态草坡
14 自然条石
15 树阵
16 山谷密林
17 儿童游戏场
18 健康步道
19 阳光草坪
20 台地园
21 景墙跌水
22 模纹绿篱
23 模纹地毯
24 特色构架
25 缤纷花园
26 特色景亭
27 车库出入口
28 商业街

N

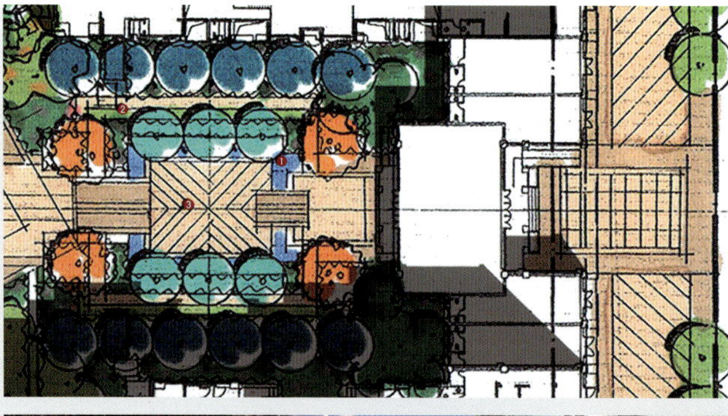

### 龙城项目TDJYX–2009–21号地块景观设计

业　　主：洛阳国龙置业有限公司
设计内容：景观设计
建设地点：河南　洛阳
用　　途：高层住宅
用地面积：60 473平方米
地上建筑面积：3 023平方米
容 积 率：5.00
设计日期：2010年

### Landscape Design for TDJYX-2009-21 District of Longcheng Project

Owners: Luoyang Guolong Properties Company Limited
Design Content: Landscape Design
Project Location: Luoyang, Henan
Uses: High-rise Residential
Land Area: 60,473 $m^2$
Ground Floor Area: 3,023 $m^2$
Plot Ratio: 5.00
Design Time: 2010

# 2010—2011
# 主要建筑设计作品
## Main Architectural Design Works
*Annual Review of Chinese Architectural Design Works*

# CPP International Architects Ltd.

## 瑞士坎培建筑设计顾问公司

瑞士坎培建筑设计顾问公司由Mario Campi教授1962年创立于瑞士卢加诺，并设苏黎世、瑞典及中国分部。公司作为在现代建筑史上具有重要地位的"Ticino"学派的典型代表为世人展示了大量融传统建筑文化、地域环境特征与现代建筑风格于一体的建筑作品，对现代建筑运动产生了深远的影响。近半个世纪以来，公司在瑞士及欧洲境内完成了大量的公共及居住建筑，是瑞士一流的规划建筑设计公司之一。

CPP坎培建筑设计顾问公司从2004年开始进入中国市场，已完成多项优秀设计工程，业务范围涉及城市规划、办公研发、高档住宅建筑以及景观设计。作品多次获得奖项，其中包括联合国环境署颁发的第二届亚洲人居环境规划设计奖。凭借优秀的设计团队，我们愿与客户分享我们的专业经验和良好的敬业精神，为广大的中国客户提供最优质的服务。

设计理念

1. 简洁、理性和有效的原则——注重建筑语汇的清晰和设计逻辑的严谨。
2. 城市设计是建筑设计的初始点——强调整体环境的价值提升。
3. 主动式绿色建筑体系——绿色建筑不应该仅仅被理解成为技术手段，更应该是一个设计概念通过设计自身创造出可持续发展的建筑和环境。

**电话**：+86-25-83699511
**传真**：+86-25-83699512
**邮箱**：cpp_nanjing@126.com

Tel: +86-25-83699511
Fax: +86-25-83699512
E-mail: cpp_nanjing@126.com

CPP International Architects Ltd. was founded by Prof. Mario Campi in Lugano, Switzerland in 1962, with branches in Zürich (Switzerland), Sweden and China. As typical of "Ticino" school which plays an important role in modern history of architecture, CPP exhibits a huge number of building works that integrate architectural culture, geological environmental features and modern building styles. Since nearly half a century ago, CPP has been a first-class architectural planning & design company in Switzerland, having completed a lot of public and residential buildings within Switzerland and Europe.

CPP enters into Chinese market since 2004, having completed a number of excellent design projects, covering municipal planning, office R&D, hi-end residential building and landscaping. Its works have won many honors, including the 2nd Asia Habitat Environmental Planning & Design Award granted by the UNEP. With CPP excellent design team, we are ready to share our expertise and professionalism with customers, and offer the best quality service to Chinese customers.

**CPP Design Ideas:**

1. "Concise, Rational and Effective" principle – clear terminology of architecture and prudent logic of design.
2. Urban design is the inception point of architectural design – highlighting the value promotion of entire environment.
3. Active green building system – green building is not merely a technology, but also a conception, which produces sustainable buildings and environment by the design itself.

南京汉西110kV变电站综合体
建筑面积：7 000平方米　项目状态：建成　设计时间：2009年

**Hanxi 110kV Transformer Substation, Nanjing**
Floor Area: 7,000 m$^2$　Status: Completed　Design Time: 2009

南大苏福特软件公司研发楼
建筑面积：8万平方米　项目状态：建成　设计时间：2008年

**NJUSOFT R&D Building, Nanjing**
Floor Area: 80,000 m$^2$　Status: Completed　Design Time: 2008

南京鼓楼国际外包服务大楼立面改造及景观设计
建筑面积：6万平方米　项目状态：建成　设计时间：2010年

**Façade Reconstruction & Landscaping of International Outsourcing Service Building, Gulou District, Nanjing**
Floor Area: 60,000 m$^2$　Status: Completed　Design Time: 2010

江苏新城地产南京浦口商业项目
建筑面积：4万平方米　项目状态：委托设计　设计时间：2011年

**Jiangsu Future Land Pukou Commercial Project, Nanjing**
Floor Area: 40,000 m$^2$　Status: Design　Design Time: 2011

南京工大科技园侯村园区
建筑面积：10万平方米　项目状态：委托设计　建成时间：2011年

**Houcun Area of NJUT Technical Park, Nanjing**
Floor Area: 100,000 m$^2$　Status: Design　Completion Time: 2011

天津市东丽湖商务会所项目
天津市滨海新区蓝星集团办公综
天津市东丽湖商业街项目
天津市卫津路商务会
天津市东丽湖住宅
天津市某五星级酒店
OARCH
欢 迎 设 计 精 英 加 盟
天津市河西区卫津路
新金龙大厦南楼10层
电话: +86-22-23358796
传真: +86-22-23358796
邮编: 300060 邮箱: oarch@126.com 网址: www.oarch.cn

张家港软件园白领公寓

张家港软件园综合体

美国JY建筑规划设计事务所
锦杰建筑规划设计咨询(上海)有限公司

美国JY建筑规划设计事务所，锦杰建筑规划设计咨询（上海）有限公司于1983年创立于美国洛杉矶，提供建筑规划设计及相关行业的专业咨询服务，创立人俞锦杰(Yu Jinjie)先生。在1983年至1993年间，JY与多名美国著名的建筑师如Jackson K.Walters、Margaret Courtney、Phil Stivers等合作，作品遍布南加州，包括规划、公建和高级住宅区设计。

美国JY建筑规划设计事务所1992年正式进入中国市场，并成立了上海代表处，致力于规划、建筑、景观等多领域，凭借着丰富的国际经验和高水准的专业素养，在大型规划设计、高标准办公楼和高端住宅设计方面表现突出，已建成大量代表作品，在行业内积累了较高的知名度和美誉度。

美国JY建筑规划设计事务，锦杰建筑规划设计咨询（上海）有限公司拥有专业建筑师、规划师、设计师40余人。专业团队包括规划、建筑设计、景观设计的专家，形成了国际、国内多专家合作共同完成项目的设计风格。这种风格保证了项目整体设计方案的完美性。JY事务所以专业化的操作模式对设计流程进行高效率的科学管理，严格控制每一设计阶段的设计质量，充分发挥团队合作的力量和优势，务必使每个作品能体现事务所的整体设计水平。

建筑是百年大计，每一项建筑对城市环境与社会人文将产生长远的影响力。建筑设计是一种专业的服务，JY公司把“精益求精，精心出精品”作为公司一贯的专业宗旨，这也是职业设计师的一种最基本的职业精神。“认真、敬业、诚信、创新”这八个字就是JY事务所坚守的专业信念和设计理念。

JY事务所总裁俞锦杰先生有着多年在美国同美国房产开发商及政府合作的经验，参与了大量土地开发早期的策划工作，因此JY事务所在项目操作上一贯保持强烈的市场意识和策划型设计的优势，善于站在发展商的角度，和市场营销策划部门一起以多元的思维和互通的语言进行相互沟通协调，不但在设计理念方面，而且在开发顺序、产品定位等方面全方位地为开发商提供富有价值和建设性的顾问服务。

2004–2005年度JY事务所被设计界颇为权威的《设计新潮》杂志评为民用建筑设计市场全国排名第51名，民用建筑设计企业分类业务全国排名第30名，景观设计全国排名第23名，民用建筑设计企业效率全国排名第9名。

JY Design Planning, Inc. was established in 1983 in Los Angeles, California. JY has engaged in architecture, planning and design consultancy services. From 1983 to 1993, JY focused on planning, public works and high end residential building types in Southern California, in cooperation with well known architects such as Jackson K. Walters, Margaret Courtney, Phile Stivers.

In 1992 JY established a Shanghai Representative Office. The firm focused on planning, architectural and landscape design. Due to its experience, JY has completed grade A and high end residential design projects. The firm has developed an extensive list of work and is well regarded in the professional field in the region.

JY employs over 40 professional architects, planners and designers. The team is composed of foreign and domestic experts, ensuring a well balanced design, taking advantage of the experience abroad as well as a deep knowledge of the Chinese market. Every project is unique and it's regarded as high quality delivery for the firm.

We strive to provide great architecture and produce good solutions for our clients' investments. As a result our products influence positively the urban environment and social conditions of the end users. The company's motto is: Striving for perfection, creation of high quality products and timeless design.

President Mr. Jinjie Yu of JY has a vast experience and knowledge with the American real estate development companies, procurement and land development. Due to this experience, he has been able to apply his knowledge to the Chinese market and dynamics.

2004-2005, JY ranked 51st in the Civil Construction Design Market, 30th in the Civil Construction Design Enterprise Classifying Business, 23rd in the Landscape Design and 9th in Civil Construction Design Enterprise Efficiency in China by the authoritative *Design Trends* Magazine.

地址：上海市打浦路88号海丽大厦25楼
电话：+86–21–53011100
传真：+86–21–53010105
邮箱：info@jy-design.com.cn
网址：www.jy-design.com.cn

Add: F25, Haili Building, No.88 Dapu Road, Shanghai
Tel: +86–21–53011100
Fax: +86–21–53010105
E-mail: info@jy-design.com.cn
http:// www.jy-design.com.cn

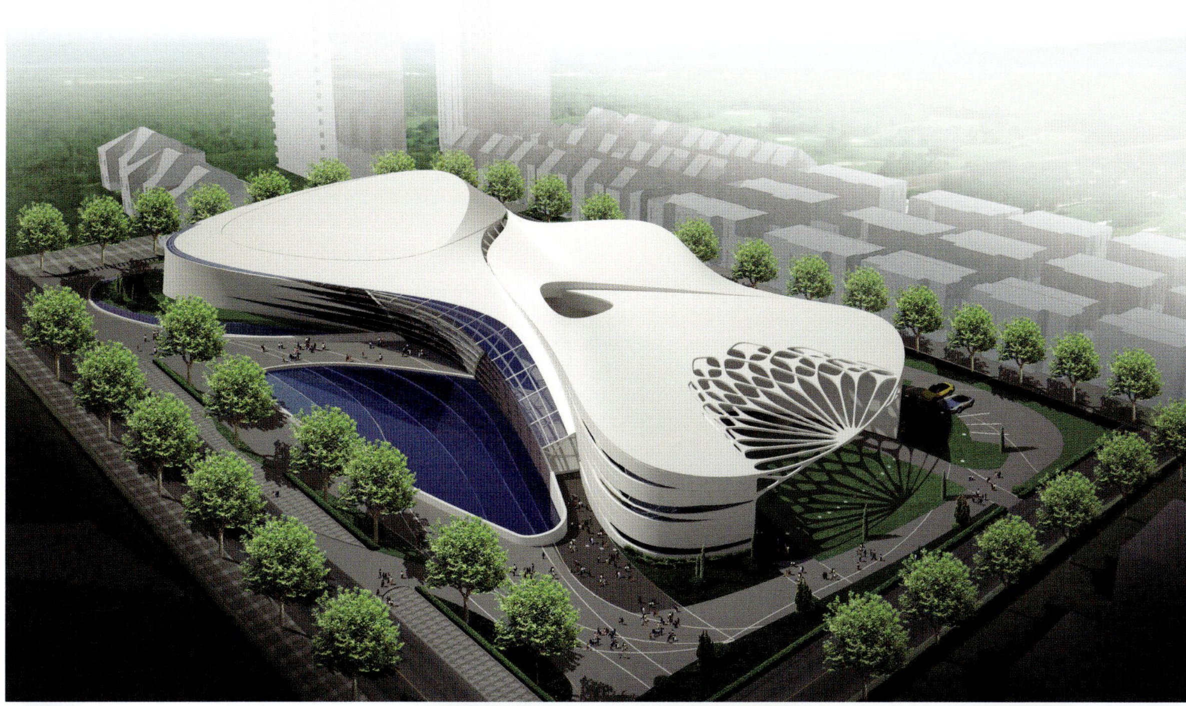

## 上海交响乐团

建设地点：上海　　基地总面积：16 300平方米
楼　　层：3层　　建筑面积：16 550平方米

## Shanghai Symphony Orchestral

Project Location: Shanghai　　Total Area of Base: 16,300 $m^2$
Floors: 3　　Floor Area: 16,550 $m^2$

## 青岛某高端项目

建设地点：山东 青岛　　占地面积：28 800平方米
楼　　层：3–7层　　建筑面积：133 897平方米

## A High-end Project, Qingdao

Project Location: Qingdao, Shandong　　Land Area: 28,800 $m^2$
Floors: 3-7　　Floor Area: 133,897 $m^2$

## 东郊半岛花园（原机场镇项目）

建设地点：上海
占地面积：78 816平方米
建筑面积：45 200平方米
楼　　层：2–4层
竣工时间：2011年

## East Suburb Peninsula Garden (Project of Airport Town)

Project Location: Shanghai
Land Area: 78,816 $m^2$
Floor Area: 45,200 $m^2$
Floors: 2-4
Completion Time: 2011

## 长沙东湖壹号

建设地点：湖南 长沙
占地面积：224 617平方米
建筑面积：283 536平方米
楼　　层：2–33层
设计时间：2008年
竣工时间：2011年

## East Lake No.1, Changsha

Project Location: Changsha, Hunan
Land Area: 224,617 $m^2$
Floor Area: 283,536 $m^2$
Floors: 2-33
Design Time: 2008
Completion Time: 2011

## 东海御庭

建设地点：上海
占地面积：212 150平方米
建筑面积：98 101平方米
楼　　层：2–3层
设计时间：2008年
竣工时间：2011年

## East Sea Yuting

Project Location: Shanghai
Land Area: 212,150 m²
Floor Area: 98,101 m²
Floors: 2-3
Design Time: 2008
Completion Time: 2011

## 长沙巨隆超高层项目

建设地点：湖南 长沙
用地面积：39 150平方米
建筑面积：271 770平方米
楼　　层：68层
设计时间：2011年

## Julong Ultra High-rise Project, Changsha

Project Location: Changsha, Hunan
Land Area: 39,150 m²
Floor Area: 271,770 m²
Floors: 68
Design Time: 2011

方案一

方案二

## 大连运达科技城

建设地点：辽宁 大连
用地面积：23 399平方米
建筑面积：203 500平方米
楼　　层：30–39层

## Yunda Sci-Tech Town, Dalian

Project Location: Dalian, Liaoning
Land Area: 23,399 m$^2$
Floor Area: 203,500 m$^2$
Floors: 30-39

## 春华街老城区改造 Reconstruction of Chunhua Street Old Town Areas

项目位于大连市中山区，总基地面积为83 514平方米，其中回搬区37 710平方米，商住区45 804平方米，商住区北临春华街，西南侧靠炮台山，东接城市规划道路，两侧环山；回搬区西临规划道路，南侧紧邻炮台山，与商住区仅隔一条规划路，整体地势南高北低，离东港湾近2.5千米，整体空间环境非常优越，空气清新，安静优雅，不良干扰因素较少，非常适宜人居。商住区地上规划建筑面积104 300平方米，含6 000平方米商业配套设施等；回搬区103 400平方米，包括一所幼儿园。

基地北面能俯瞰美丽的大连湾，商住区根据地形大致分成3个不同标高的层次，布置有12幢7–31层的高层住宅，北部春华街南侧布置了2–3层楼的商用，前面留有开阔的购物广场，方便了周边及小区内部的居民，也是居民休息活动的理想场所；回搬区基地被港院街分为东西两个部分，西边布置了8幢24–33层的高层住宅，东侧依地形布置了4幢30–33层的高层住宅楼，住宅楼中间是幼儿园。

## 上海松江洋江花园 Yangjiang Garden, Songjiang, Shanghai

本项目位于松江区九亭镇九新公路五号地块。地块西临九新公路，道路红线24米，东临友谊河，北临松江医院九亭分院，南邻村民别墅。用地呈梯形，北边界长159米，南边界长145米，南北向长178米。基地平整，友谊河水质较好，河边绿化较好，未来会有很大的改造空间。九新公路对面为云涧家园，多层住宅，临街有两层商用，建筑为新古典风格。

基地内地势平坦，绝对标高在3.85米至4.2米之间。

规划总用地面积26 092平方米，总建筑面积59 400平方米，其中地上建筑面积46 966平方米，容积率1.8。拟建4栋21－22层高层住宅，配以精致、优美宜人的景观，为本地高档豪华住宅小区。

## 成都国光项目 Guoguang Project, Chengdu

建设地点：四川 成都
占地面积：29 317平方米
建筑面积：12 323平方米
楼　　层：2−3层
设计时间：2011年

Project Location: Chengdu, Sichuan
Land Area: 29,317 m$^2$
Floor Area: 12,323 m$^2$
Floors: 2-3
Design Time: 2011

# LOOK architects

**Architecture & Urban Design**

LOOK Architects Pte Ltd
LOOK 建筑设计公司
18 Boon Lay Way
#09-135 TradeHub 21
Singapore 609966
Tel : + 65 6316 8676
Fax : + 65 6316 8690
Email : office@lookarchitects.com.sg

LOOK建筑设计公司成立于1993年，公司重视设计实践，以严格的分析和研究完成新颖的标志性建筑和城市设计。

公司创始人骆文义和黄素香以加强公司的合作环境为出发点，不断地萌发全新的设计理念，在东南亚地区形成一个能全面、敏锐地开拓新领域的设计公司。作为2009年新加坡年度总统设计奖的获得者，骆文义以他对设计的热情，引领着公司迈向更加令人振奋的明天。

公司的多元化极大地体现在完成的多种不同类型的项目上，包括私人住宅、公寓大楼、大学机构、社区图书馆、商业总部、濒水步道和桥梁，以综合的设计理念和创新意识来强化建筑细部、利用生态材料以及空间和环境的关系进行合理的规划设计。

客户个人和集体的经验，创造性地被阐释为设计的表现形式和观点，以丰富每个项目的设计理念，并连同对地方特色的可持续性，开拓出一个人与环境和谐共生、生活气息鲜明的生态设计领域。

Founded in 1993, LOOK Architects is a design-intensive practice committed to rigorous analysis and research to produce innovative, iconic buildings and urban design.

Founders Look Boon Gee and Ng Sor Hiang foster a collaborative studio environment to germinate and develop design ideas on a broad spectrum of works in the Southeast Asian region, defining LOOK Architects as a practice keen on breaking new ground in various fields of design. Recipient of The President's Design Award – Designer of the Year 2009, Look Boon Gee's passion for his craft continues to lead the practice towards exciting directions.

Versatility in handling projects of vastly different natures is evident in completed works, an array that includes private residences, apartment tower, university institution, community library, commercial headquarters, waterfront promenade and bridges. Embracing a design philosophy of the integrated whole, a high degree of inventiveness goes into construction detailing, ecological use of building material and planning of spatial relationships in relation to the environment.

Clients' personal and collective experiences are creatively interpreted to form perspectives that enrich the design approach of each project, and together with sustainable responses to the distinctive character of place, design enters the realm of eco-poetry, a lively dialogue that reverberates between nature and aspirations of man.

PRESIDENT*S DESIGN AWARD SINGAPORE
DESIGNER OF THE YEAR 2009

www.lookarchitects.com

## 新加坡科技设计大学

LOOK建筑设计公司与盛邦新业集团携手合作，赢得了新加坡科技设计大学(SUTD)B区——学生宿舍与体育场的建筑设计方案。该设计方案从中国国画中的"留白"艺术中获得灵感，开发了一系列穿梭在工作、学习与生活环境之间的重重空间，以创造出独一无二的学习环境。为了体现出"简约中的深奥"的设计理念，没有使用过多的修饰，而只采取设计精髓。该方案具有很强的灵活性，单元的排列模式可以使建筑适应未来的远景规划。方案致力于激发青少年的活力与热情，为每一位大学牛创造了实现梦想的平台。

占地面积：52 662 平方米
建筑面积：46 524 平方米
地　　点：新加坡

## SINGAPORE UNIVERSITY OF TECHNOLOGY AND DESIGN PLOT B—SPORTS & HOUSING

LOOK Architects as Principal Designer, in collaboration with Surbana International Consultants has won the design competition for the Plot B—Student Housing and Sports Complex, SUTD (Singapore University of Technology and Design) Campus. To foster a truly unique learning experience, we have developed a design that embraces creativity, possibilities and fraternity among the students and faculty members by weaving the collaborative spaces within the living environment. Ascribing to the design philosophy of sophistication in simplicity, we have pared down excesses to distill the essential building blocks for a system based design, which has the flexibility to adopt various permutations and adapt to future changes. Ultimately, the design aims to celebrate the youthful spirit & enthusiasm of students and provide a platform for each and every aspiring mind to dream and excel at SUTD.

Site Area: 52,662 $m^2$
Gross Floor Area: 46,524 $m^2$
Location: Singapore

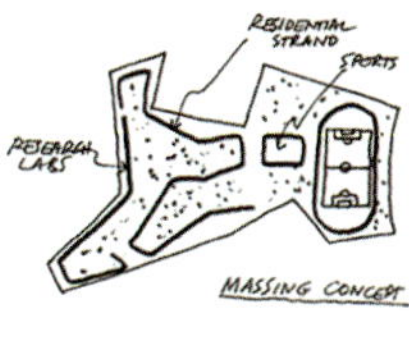


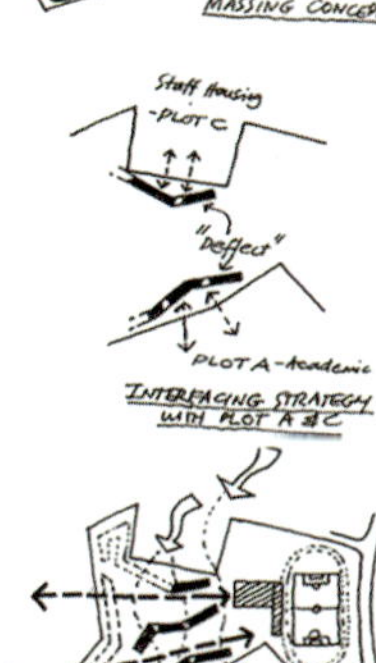

## 西蒙港公寓

在设计初期，我们萌发了通过设计较小的楼面和高度通风的理念，使建筑朝向主要的季风方向，创造了季风走廊。同时，南北朝向也有效地避免了太阳直射，从而降低了辐射和空调的使用频率。被动设计是长期可持续发展的重要手段。在建筑高度的限制下，我们非常严谨地考虑并设计了独特的屋顶格架，可以有效地减低屋顶接受的热能，减少电负荷，创造更舒适的生活环境。

占地面积：9 110平方米
建筑面积：12 754平方米
地　　点：新加坡

## SIMON LANE CONDOMINIUM

The idea of creating a highly porous slice of urban fabric populated by small scale blocks allows for "ventilation breezeways" between the individual blocks. All of the housing blocks are also oriented in the north-south direction to minimise solar gain and reduce air-conditioning cooling loads. Emphasis is placed on passive modes of climatic control as a long-term sustainability strategy. For instance, height control imposed by planning parameters on the site has been carefully considered and interpreted a unique high-level shading element is introduced to act as an additional thermal buffer to the roof.

Site Area: 9,110 $m^2$
Gross Floor Area: 12,754 $m^2$
Location: Singapore

BEDROOM 2
MASTER BEDROOM
AC LEDGE
MASTER BATH

**3 BALMORAL 项目**

该项目是一座位于乌节路购物区附近的12层高的公寓住宅楼，配有半地下室的停车场。针对不断增长的城市人口，设计师的主要目标是探索以建筑材料来"解材"建筑体的方式——在对建筑立面悬臂式阳台护栏的处理上，使用了半透明的穿孔铝板。从顶楼复式单位的天台花园可以鸟瞰良木山及附近乌节路一带夜晚繁华的景象。为了美化街景，设计了绿化斜坡，以取代传统的实心围墙，最终使建筑与周围环境和谐共生。

占地面积：2 283 平方米
建筑面积：3 652 平方米
地　　点：新加坡

**3 BALMORAL**

A 12-storey apartment block with semi-basement carpark, in a residential enclave on the outskirts of the Orchard shopping belt. In response to the condition of ever-increasing density in the urban environment, the building mass is de-materialized by translucent perforated aluminium screen panels swathing cantilevered balconies on the facade. Rooftop gardens of duplex penthouse units offer panoramic views of nearby Goodwood Hill and the vibrant night lighting along Orchard Road. To enhance the public streetscape, sloping greenery instead of solid walls define the site boundary, creating an amiable, permeable interface between the private development and its surroundings.

Site Area: 2,283 $m^2$
Gross Floor Area: 3,652 $m^2$
Location: Singapore

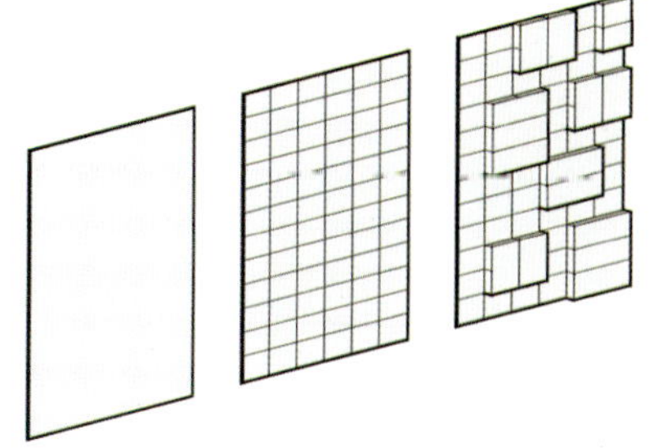

## 好逑机构办公楼

该项目是一座七层楼的多用户工业大厦，配有挑高两层的停车场。建筑形式的表达，例如一个双层的开放式阳台，创造出宜人的绿色空间。精心的外观设计呼应了内部空间的使用要求，传达一种独特的整体设计形象。

占地面积：2 092 平方米
建筑面积：5 230 平方米
地　　点：新加坡

## HOR KEW CORPORATE OFFICE

7-storey multiple-user building with elevated carpark spanning 2 storeys. Articulation of the building mass creates welcome green spaces for tenants, such as that of a large double - volume open terrace. The facade is carefully composed to complement programmatic demands and convey a distinctive overall image of the development.

Site Area: 2,092 $m^2$
Gross Floor Area: 5,230 $m^2$
Location: Singapore

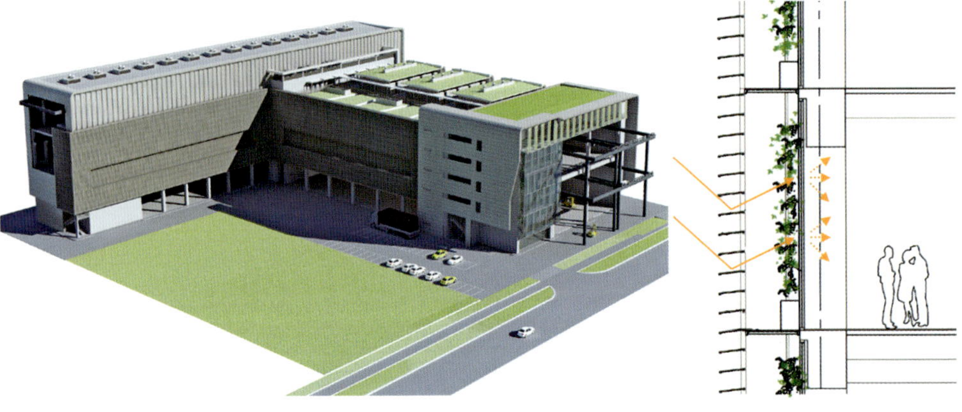

## 长成预制科技中心

该项目为位于大士南部的多层预制科技中心，提供预制混凝土组件。中心还设有办事处和员工宿舍等设施。为了体现国家最先进的自动化预制技术，此工业建筑采用了绿色环保立面，显得更加与众不同。垂直绿化带、穿孔铝板和预制混凝土的使用，最大限度地减少了建筑的热吸收。

占地面积：19 606 平方米
建筑面积：13 970 平方米
地　　点：新加坡

## TIONGSENG PREFAB HUB

Multi-storey concrete precasting factory with offices and workers' dormitory facilities at Tuas South. Echoing state-of-the-art automated precasting technology, the industrial building distinguishes itself with an impressive green facade more than 100 metres in length—a composition of vertical green panels, perforated aluminium screens and precast concrete modules that work collectively to minimise heat gain in the building.

Site Area: 19,606 $m^2$
Gross Floor Area: 13,970 $m^2$
Location: Singapore

# Boston International Design Group

## 美国波士顿国际设计集团

波士顿国际设计集团成立于2004年，延续了美国史塔宾建筑事务所国际最高水准的设计声誉，总部位于美国马萨诸塞州剑桥市，毗邻著名的哈佛大学和麻省理工学院。公司的主要创始人及主要的设计人员均来自两所名校，因此波士顿国际设计集团有着浓郁的学院气氛。

波士顿国际设计集团一直致力于把项目的规划设计与业主的要求最大限度地保持一致。我们的主要目的是和业主、合作者分享高标准的专业设计和学术成果。我们并不孤立地看重为自己的作品创建特殊的美学风格，我们的设计旨在以平等的合作关系、积极向上的工作来为业主提供杰出的设计，并创造最终的经济效益。我们在世界各地的项目设计已经超越了地理和文化的界限，以价值和兴趣为基础，其核心包括：很大程度上尊重当地的历史和文化。通过规划和设计，对增进当地城市生态环境作出实质的贡献；通过合作，业主将获得建立在他们的需求和期望上的卓越的设计。这使得我们能够与业主建立长期的合作，我们甚至为有的业主服务了30多年。每当接受一项设计委托后，我们就会和业主一起反复研究、磨合，以确保每一个新建筑都能够成为一座独特的、难忘的成功作品。

我们的创造力和充分理解业主的全部意图是密不可分的。场地的条件和业主及社会的利益是两个同等重要的因素。新的场地条件和不同的业主要求使得每个项目都是非常特殊的。我们从来不局限于某一种特定的模式，而是结合分析场地、文脉、经济、社会机遇等一系列因素后，根据项目的实际情况来找寻最合适的解决方案。因此，我们的项目总是在超越、在创新。

Boston International Design Group was set up in 2004. It continued the highest international standard design reputation of the Stubbins Associates of American, and headquartered in Massachusetts Avenue Cambridge, MA, USA, where adjacent to the famous Harvard University and Massachusetts Institute of Technology. The main founders and designers of the company are all from these two schools, that's why BIDG is full of collegial atmosphere.

BIDG has been committed to matching project planning and designing with requirements of customers as much as it could. Our main purpose is to share high standards of professional design and academic achievements with customers and partners. We do not focus separately on creating unique aesthetic style for our works, but aim to provide outstanding designs with equal partnership, positive work to our customers and make the ultimate economic benefits. Our design projects around the world have gone beyond the geographic and cultural boundaries, and are based on values and interest, which mainly include respecting local history and culture to a large extent. We make substantial contribution to local urban environment through planning and designing; customers will get excellent design based on their needs and expectations through our cooperation. This allows us to establish long-term cooperation with the customers and even over 30 years for some customers. Every time we accept a design commission, we discuss and adjust with customers over and over again to ensure that every new building can be a unique and unforgettable one.

Our creativity cannot be separated with fully understanding of customers' whole intention. Site condition and interests of customers and the society are two important factors, and new site condition and different requirements from customers make every project very special. We are never limited to a specific model of certain type, but find the most appropriate solution with combined analysis of a series of factors like context, economy, social opportunities, etc. Therefore, we are always exceeding ourselves and innovating in our projects.

地址：上海市浦东新区福山路33号建工大厦15楼
电话：+86-21-51327266
传真：+86-21-51327269
网址：www.bidg.com.cn

## 北京海淀西山文化大道

建设地点：北京
建筑面积：298.2万平方米
占地面积：734.5公顷
设计时间：2010年
竣工时间：待定

基地位于海淀区四季青地区，自紫竹院路西段延伸至杏石口路沿线一带，北京西四环与五环之间。规划用地面积约734公顷，建筑面积约298.2万平方米。为了将这个项目建成为一个高起点、高水平的文化产业聚集区，要考虑文化的内涵和品质，以及社会效益和经济效益。

## 杭州银泰海・威国际喜来登酒店

建设地点：浙江 杭州
建筑面积：166 060.6平方米
占地面积：23 143平方米
设计时间：2010年
竣工时间：待定

基地位于杭州市钱塘江南岸，三桥与四桥之间，是一个集酒店、办公、住宅于一体的综合体。规划布局充分利用临江的优势，使江景房占据四分之三的比例，呈现高品质办公空间、全江景视觉盛宴。办公区独享尊贵空中接待大厅，160米的高度临江俯瞰杭城全景。酒店的立面造型简洁挺拔，过目难忘，双层呼吸式玻璃幕墙树立了杭州节能建筑的新标杆。

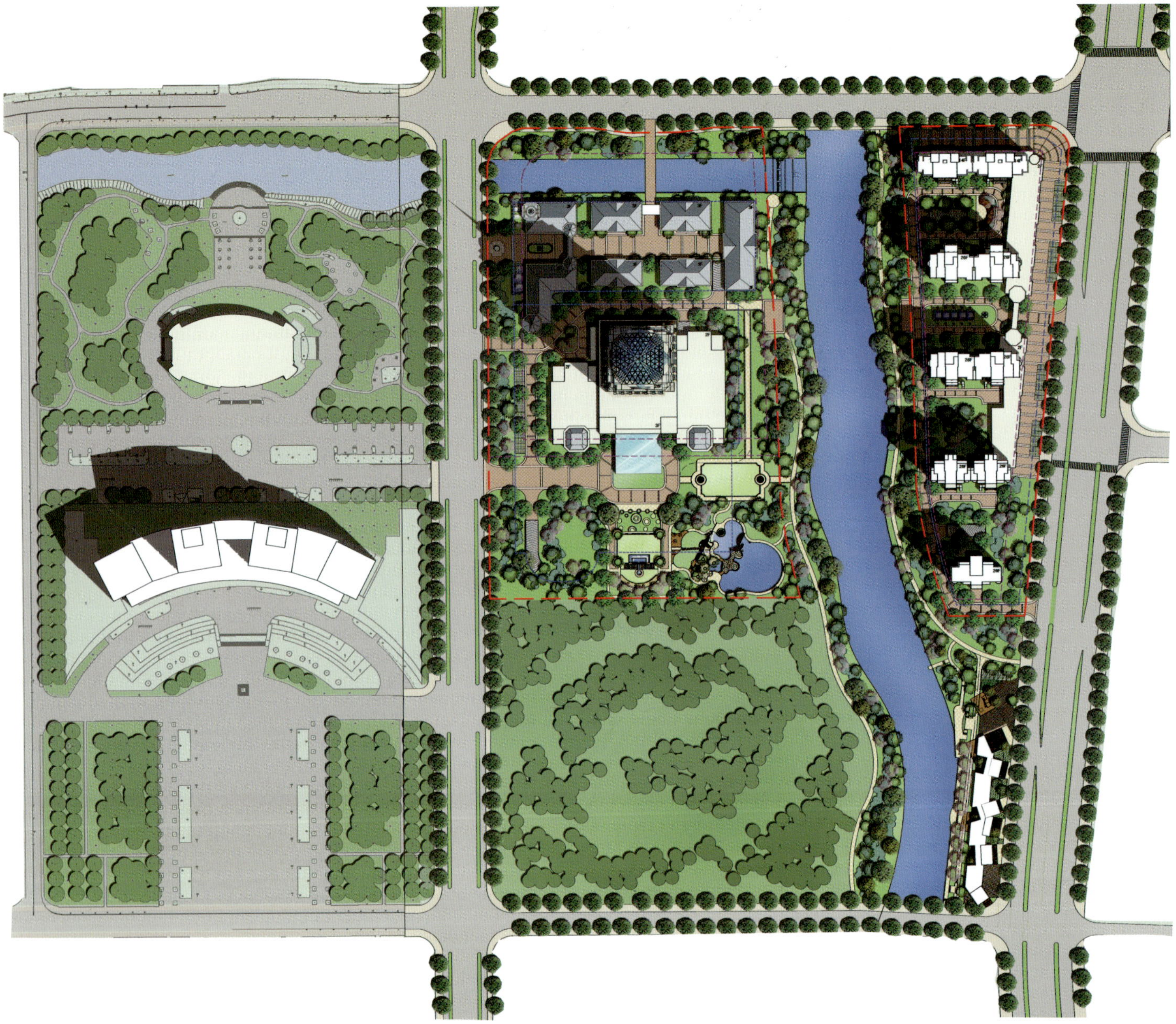

## 湖州长兴万豪酒店

建设地点：浙江 湖州
建筑面积：185 807.8平方米
占地面积：16 935.9平方米
设计时间：2010年
竣工时间：待定

湖州长兴万豪酒店项目位于长兴县龙山新区，长兴县行政中心东侧，南邻长兴大剧院，是长兴县重点发展的核心区域。交通便利，地理位置优越。以湖州飞英塔“七层八面”为原型，根据建筑功能需求和严谨的立面比例关系，建筑立面层层拔高，逐渐收分，整体形象高峻挺拔，极具特色。精心设计的酒店屋顶细部，来自钻石切割工艺的灵感，使酒店具有强烈的可识别性，无论白天还是黑夜，都将成为长兴人民瞩目的焦点。

## 三亚鹿回头滨海商业小镇项目设计

建设地点：海南 三亚
建筑面积：80 958.18平方米
占地面积：42 994.20平方米
设计时间：2011年
竣工时间：待定

该项目位于海南省三亚市半山半岛。三亚半山半岛，位于三亚小东海鹿回头半岛，整个半岛由鹿回头公园、鹿回头岭两山和小东海、鹿回头湾两湾组成，是三亚市西至海坡、东至亚龙湾的50余千米海岸线中唯一一个待开发的半岛，有着优质的沙滩和背山临海的绝顶自然资源。

## 重庆观音桥商圈规划

建设地点：重庆
占地面积：规划总用地面积42.42公顷
设计时间：2010年
竣工时间：待定

观音桥地区位于重庆市地理核心，是重庆最有活力的商圈，将规划成长江上游地区“购物之都”的购物时尚中心，成为西部最具影响力的消费乐园。

在本次概念规划中，我们充分研究了现状条件，对比国际著名的商业街区，整合区域功能，以街为轴强调连续的商业氛围，利用不同的街道属性形成不同的商业体验，并结合重庆山城特色进行立体式开发，形成地上、地下立体的商业网络。尤其突出中央绿地，打造西部独一无二的“大公园生态商圈”。勾画魅力城市天际线，全力提升中心城区城市形象。

## 重庆湖广会馆历史街区保护规划

建设地点：重庆
建筑面积：165 309平方米
占地面积：65 539平方米
设计时间：2010年
竣工时间：待定

湖广会馆历史街区位于渝中区中心，东临长滨路，西临解放东路东段陕西路，长江索道位于基地南侧，北侧为东止街，路网密集，道路交通发达。能通过城市快速路快捷地通向江北、南岸、渝北等其他行政区，并方便地通往外围城市区。

# ÉTÉ 翌德国际设计机构

été lee et associés architectes urbanistes

■ 法国翌德国际设计机构　■ 上海翌德建筑规划设计有限公司

来自法国的翌德国际设计机构（ÉTÉ Lee et Associés architectes, urbanistes）是城市规划、建筑与景观设计领域的实践先锋与思想先行者，该机构的项目遍布法国、西班牙、美国、韩国等国家。近十年来，在中国的50余座大中城市主持完成了300余项设计实践。其中，上海2010年世博水门、上海市南外滩地区、上海市张家浜楔形绿地、上海芦潮港海滨国际花城、上海市外高桥商务别墅区，以及应用绿色建筑技术的北京鼎嘉恒苑、上海市金地·格林郡、成都市华新锦绣尚郡、宁波盛世天城等项目的建成和投入使用，充分体现了翌德国际设计机构（ÉTÉ）“适用·和谐·动人”的创作理念和对自然、文化、经济环境的高度责任感与洞察力，以及在新技术、新材料的运用方面的领先地位。

迄今为止，机构荣膺国家、省部级奖励30余项，并先后获得了由联合国人居署、中国建筑学会颁发的集体与个人国际贡献嘉奖。翌德国际设计机构（ÉTÉ）拥有完善的项目管理体系，健康、活跃的企业文化和创作氛围，多年来，致力于将欧洲先进的设计理念与中国的实际情况充分结合，为中国的城市建设提供高质量的专业服务和可持续发展的技术方案。其国际化的专业协作团队将对社会、经济、环境与时效的综合考虑融入创作过程，为每个项目带来超凡的品质和长远的效益。全方位的效益评估和缜密的设计思路，使翌德国际设计机构（ÉTÉ）成为众多地方政府、投资集团的理想合作伙伴。

ÉTÉ Lee et Associés Architectes Urbanistes, comes from France, is the practice pioneer and thought leadership of urban planning, architecture and landscape design in planning, architecture and landscape designing field, its institution and projects throughout France, Spain, the United States, South Korea and other countries. Over the past 10 years, it has hosted and completed more than 300 design practices in more than 50 medium-sized cities of China. Including Shanghai World Expo 2010, Watergate, Shanghai the South Bund Area, Shanghai Zhangjiabang green wedge, Shanghai Luchaogang Coastal International Flower City, Shanghai Waigaoqiao Business Villa and the application of green building technology, Beijing Ding Jia Heng Yuan, Shanghai Gold land Green County, Chengdu Huaxin Fairview County, Ningbo Flourishing Days City, the completion and put into use of these projects, fully embodies "apply • harmony • moving." the creative concept of ÉTÉ Lee et Associés Architectes Urbanistes and the high sense of responsibility and insight of natural, cultural and economic environment, and the leadership of the use of new technologies, new materials.

So far, ÉTÉ has won more than 30 national, provincial and ministerial level awards, and gained the international contribution awards for group and individual by the UN Habitat and Architecture Society of China. ÉTÉ has a perfect project management system, healthy, vibrant corporate culture and creative atmosphere, over the years, it is committed to integrate advanced design concepts and the actual situation of China, provide high-quality professional services and technology solutions for sustainable development for Chinese urban construction.

The international team of professional collaboration will consider taking the society, economic, environment and time into the creative process, bring exceptional quality and long-term benefits for each project. Comprehensive assessment of the benefits and careful design ideas to make ÉTÉ Lee et Associés Architectes Urbanistes to be a ideal partner of many local governments and the investment groups.

**巴黎**
地址：98,rue Quincampoix, Paris, France
邮编：75003
电话：0033(0)142760104
传真：0033(0)142067867

**上海**
地址：上海市静安区乌鲁木齐北路480号万泰国际21楼
邮编：200040
电话：+86-21-53082775
传真：+86-21-53082776
邮箱：etelee@163.com

**成都**
地址：四川省成都市高新区府城大道西段399号天府新谷5号楼1206
邮编：610041
电话：+86-28-85358788
传真：+86-28-55358788
邮箱：etechengdu@163.com

**Paris**
98, rue Quincampoix, 75003 Paris, France
Tel: 0033(0)142760104
Fax 0033(0)142067867

**Shanghai**
21th Floor WanTai Mansion No.480, North Urumqi Road, Jing'an District, Shanghai
P.R.China 200040
Tel: +86-21-53082775
Fax: +86-21-53082776
E-mail: etelee@163.com

**Chengdu**
Rm.1206, Bldg.5, No.399, Fucheng Road, Chengdu, Sichuan
P.R.China 610041
Tel: +86-28-85358788
Fax: +86-28-55358788
E-mail: etechengdu@163.com

**www.etelee.com**

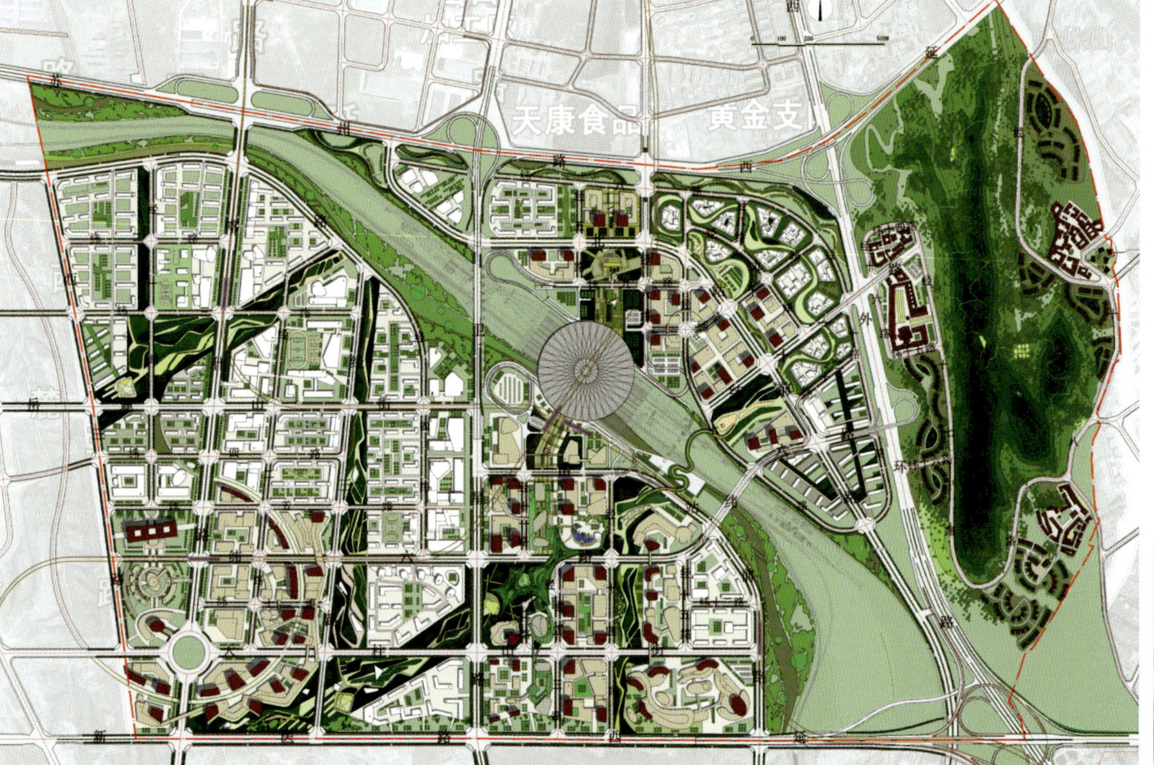

## 乌鲁木齐市高铁片区城市设计

建设地点：新疆 乌鲁木齐
设计时间：2011年
项目规模：总用地面积833.4公顷
　　　　　总建筑面积5 980 000平方米

该设计以"产城融合"和"首位城区"为两大核心理念，把产业、功能、空间、交通、环境紧密相连，突出对乌昌地区乃至新疆产业发展、城市建设的引领和示范作用，打造面向国际的产业高地和商务舞台。

## Urban Design of High Speed Railway Area, Urumqi

Construction Location: Urumqi, Xinjiang
Design Time: 2011
Project Scale: Land Area 833.4 ha　　Building Area 5,980,000 $m^2$

"The city and industry integration" and the "first city" for the two core concepts, the industry, function, space, traffic, environment are closely linked. The Leading and exemplary role is highlighted in the industry development and construction of Urumqi-Changji Region and Xinjiang, building a stage for international industry and commerce.

## 上海市民生路码头改造

建设地点：上海
设计时间：2010年
建筑面积：140 000平方米

建于一百多年前的民生路码头（时为英商蓝烟囱码头）是当年亚洲最大的码头之一，码头内拟保留的典型工业建筑代表了上海近代城市工业的历史。

以海上繁华作为设计导向，展现“星光璀璨·时尚文化信息发布平台”的主题构思，改造后的民生路码头作为上海这座国际大都市的时尚活动地标，能够吸引高中端消费者，同时开放滨江休闲绿地，促进社会和谐。

## Transformation of Minsheng Road Wharf, Shanghai

Construction Location: Shanghai
Design Time: 2010
Building Area: 140,000 $m^2$

One hundred years ago, Minsheng Road Terminal (for British Smoke Chimney Pier) is one of the Asia's largest terminals. The retaining typical Industrial building represents the modern industrial history of Shanghai.

With the prosperity as a design guide, "sparkling, fashion culture and information publishing platform" as the main theme, Minsheng Road Terminal after the transformation is taken as the landmark of this international metropolis, attracting high end consumers, at the same time opening Riverside leisure space, to promote social harmony.

## 合肥华邦・光明世家建筑设计

建设地点：安徽 合肥
设计时间：2008年
建筑面积：430 947平方米

住宅立面设计风格秉承装饰艺术设计理念，建筑设计风格清新典雅、端庄大方。单体讲究线脚的丰富细腻，讲究形体变化的韵律，讲究窗、门、阳台等建筑构件组合的比例关系。

## Architectural Design of Hua Bang·Bright Family, Heifei

Construction Location: Hefei, Anhui
Design Time: 2008
Building Area: 430,947 m$^2$

Residential facade design style uphold, Art Deco design concept as the main theme, fresh and elegant, dignified and generous. Single building stresses architrave rich and delicate, exquisite shape changes and the proportion between building components such as windows, doors, and balconies.

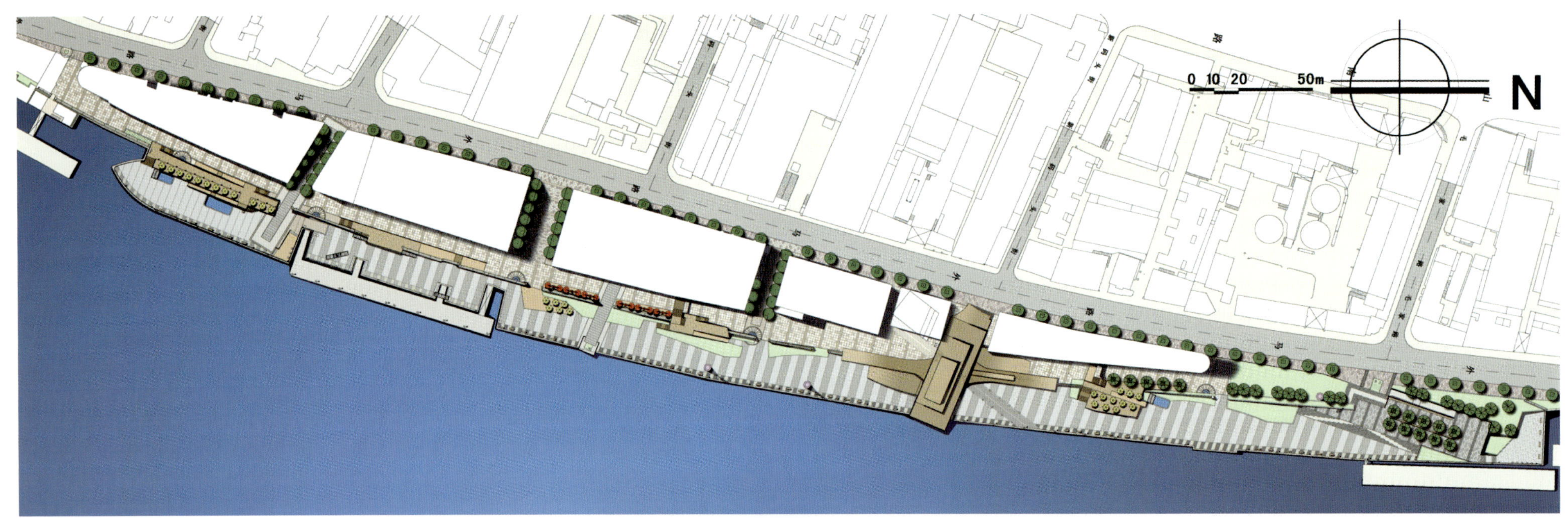

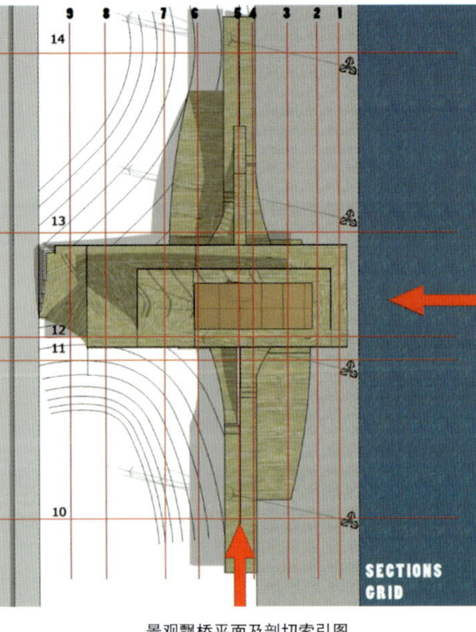


景观飘桥平面及剖切索引图

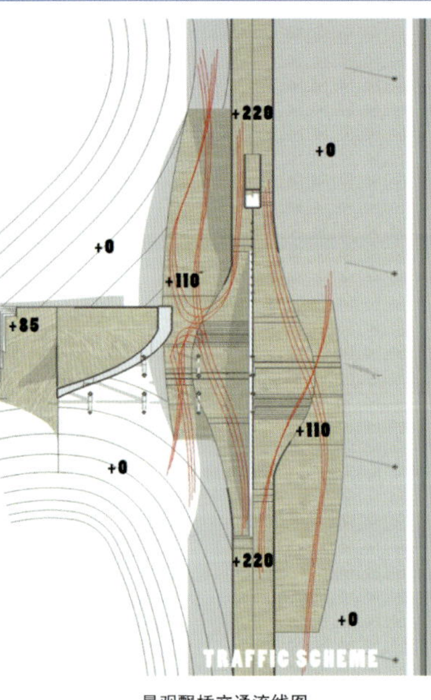


景观飘桥交通流线图

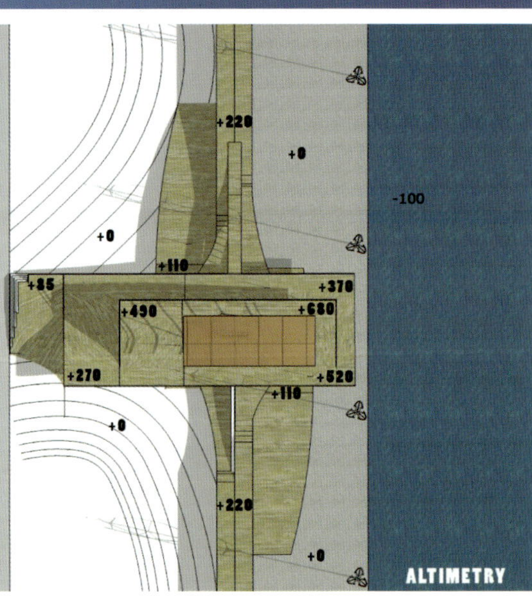


景观飘桥竖向平面图

## 上海市复兴码头景观设计

建设地点：上海
设计时间：2010年
景观设计面积：32 000平方米

项目定位为城市亲水公共活动及休闲空间。

其承载的社会功能有：时尚秀、主题发布会、室外咖啡吧、亲水休闲活动、眺望江景等。

## Landscape Design of Fuxing Wharf, Shanghai

Construction Location: Shanghai
Design Time: 2010
Landscape Design Area: 32,000 $m^2$

The project is positioned as a city hydrophilic public activities and leisure space.
The main social functions: fashion show, theme conference, outdoor cafe bar, hydrophilic leisure activities, overlooking the river scene.

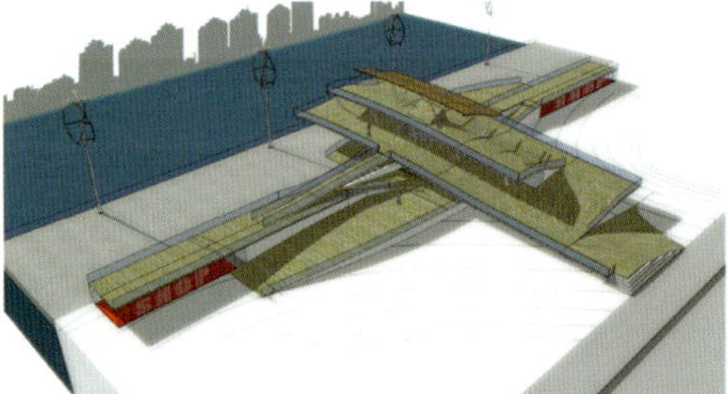

景观飘桥鸟瞰图一

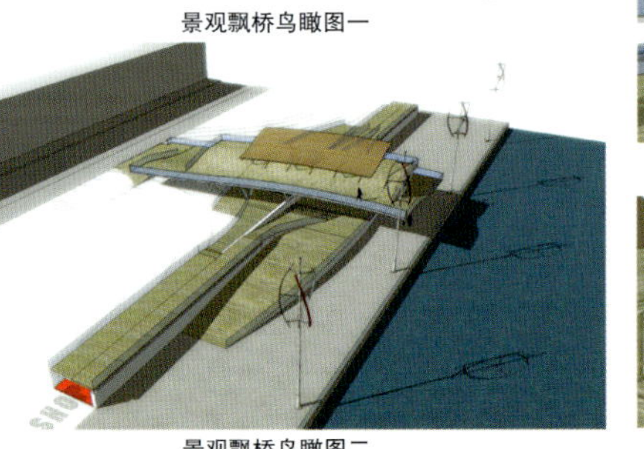

景观飘桥鸟瞰图二

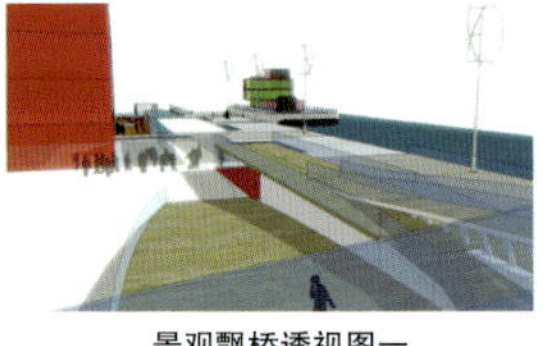

景观飘桥透视图一

景观飘桥透视图二

景观飘桥透视图三

景观飘桥透视图四

景观飘桥透视图五

景观飘桥透视图六

水系

+

绿地

+

建筑

=

水绿编织的低碳城市

## 上海西虹桥商务区规划设计

建设地点：上海
设计时间：2010年
用地面积：18.9平方千米

结合本地区的优势基础，规划确定了该地区的主导功能：
· 国家会展中心；
· 以会展产业为集聚核心，向外拓展贸易金融服务业、总部办公、创意产业等相关产业，既能为主功能区提供专业服务，又形成主功能区的产业延伸；
· 同时为主功能区提供文化展示、居住配套、生态支撑等服务；
· 与主功能区共同构成国际贸易中心的重要载体。

## Planning Design of West Hongqiao Business District, Shanghai

Construction Location: Shanghai
Design Time: 2010
Land Area: 18.9 $km^2$

Combining the advantages of the region, the planning determined the dominant features of the region:
• National Convention Centre;
• Taking the exhibition industry as the cluster core, outward expand the trade and financial services, headquarters office, creative industries and other related industries, it can both provide professional services for the main functional areas and also form an extension of the main functional areas of the industry;
• Simultaneously provide cultural exhibition, residential facilities, ecological support and other services for the main functional areas;
• Together with the main functional areas constitutes an important carrier of the International Trade Center.

澳大利亚 HYN 建筑设计顾问有限公司（境外）
HYN ARCHITECTURE DESIGN & CONSULTING PTY LTD.AUSTRALIA
深圳市汉方源建筑设计顾问有限公司（境内）

## 澳大利亚 HYN 建筑设计顾问（深圳）有限公司

澳大利亚 HYN 建筑设计顾问（深圳）有限公司总部设在澳大利亚新南威尔士，近年来在深圳设立了亚洲办事处。其业务范围包括项目前期策划研究和建筑设计。项目类型涉及住宅区，别墅，办公，学校，商业、酒店、城市综合体建筑及旅游地产等。

HYN 坚持充分理解业主和市场的需求，在方案前期同步融入项目策划研究工作，协助业主明确项目定位及经营开发理念。坚持产品研发创新，最大化地挖掘提升项目价值，力争为业主创造出高素质、高附加值、艺术化的个性产品。

HYN 以〝敬业、诚信、创新〞为企业理念，将国外设计工程全程服务机制引入中国，在国内与知名结构水电设计、景观设计等专业公司长期紧密配合，创建多行业互动合作的工作模式。HYN 在设计过程中与客户保持快速有效的沟通和反馈，注重项目后期服务，特别是材料选型及施工制作工艺，增强项目实际运作的可操作性。

## HYN ARCHITECTURE DESIGN & CONSULTING LTD.

HYN is a progressive, multi-disciplinary, design-led architecture and structural engineering practice. The company takes a holistic approach with an integrated focus to create inspirational, environmentally sustainable solutions.

HYN recently set up an Asian branch in Shenzhen, China., to cater to the local socio-economical conditions. With our local team, we are able to fully understand and accurately reinterpret client's requirements, transforming ideas into reality, which encompasses maximized return for the client, comfort for the users, and positive contribution to the local community.

In HYN, we value “professionalism, credibility, creativity”. We put a lot of emphasis on materiality and building technique, extending our services and expertise throughout the project's implementation process. From our well-established collaboration with local E&M firms landscaping and interior design firms, we have created an efficient communication channel which enables us to give timely feedback to our clients, and deliver desirable results on time.

单位名称：澳大利亚 HYN 建筑设计顾问（深圳）有限公司
单位地址：广东省深圳市南山区华侨城东方花园 F28 栋
联系电话：13316855618
+86–755–26004743
传　　真：+86–755–26004743–613
邮　　箱：hynsz@sina.cn
网　　址：www.hyndesign.com

# 旅游地产

## 文博宫二期国际养生创意园

建设地点：广东 深圳
用地面积：2 380 064.6 平方米
建筑面积：380 051 平方米
容 积 率：0.16
主要设计：刘 臻、覃伙计、蓝聪尧、沈振杰、康文华

# 酒店及办公

## 海南文昌市天成国际酒店

用地面积：9 500 平方米
建筑面积：35 561 平方米
容 积 率：2.99
主要设计：李 帅

## 珠海水湾头酒店

用地面积：7 232.52 平方米
建筑面积：51 000 平方米
容 积 率：7.05
主要设计：张 伟

## 深圳侨香路南方工作站

用地面积：4 902.28 平方米
建筑面积：54 151.34 平方米
容 积 率：8.5
主要设计：蓝聪尧、沈振杰

# 城市综合体

## 深圳南头关口片区旧城改造专项规划设计

建筑用地面积：114 503 平方米
建筑面积：750 829 平方米
容 积 率：6.56
主要设计：蓝聪尧

## 赣州中心城项目

用地面积：52 967.5 平方米
建筑面积：287 777.47 平方米
容 积 率：3.5
主要设计：刘 臻、唐 波、朱 埔

## 合肥万向城项目

用地面积：14 950 平方米
建筑面积：118 000 平方米
容 积 率：7.8
主要设计：沈振杰

## 肇庆华生中心三期项目

用地面积：49 200 平方米
建筑面积：179 699 平方米
容 积 率：4.42
主要设计：唐 波、陈栩淮

# 商　业

## 中国西南城食品博览综合体

用地面积：3 340 000.5 平方米
建筑面积：4 000 000 平方米
容 积 率：0.95
主要设计：骆 清、明 芬

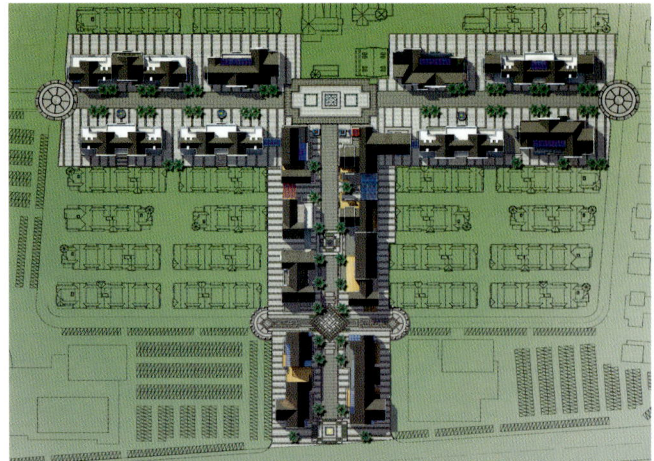

## 四川绵阳仙海湖别墅

建筑单位：四川绵阳鼎浩实业集团
景观面积：127 386 平方米
主要设计：骆 清

# 住 宅

## 中山坦洲优越花园项目

用地面积：198 173 平方米
建筑面积：594 519 平方米
容 积 率：3.0
主要设计：刘 臻、覃伙计

## 中山新都汇二期项目

用地面积：33 920 平方米
建筑面积：174 691 平方米
容 积 率：5.1
主要设计：唐 波、陈栩淮

## 深圳坂田金和成广场

用地面积：19 433 平方米
建筑面积：116 500 平方米
容 积 率：4.5
主要设计：刘 臻、马国勇

# 住 宅

## 中山大信海岸家园项目

用地面积：84 364.40 平方米
建筑面积：350 652.38 平方米
容 积 率：3.43
主要设计：刘 臻、蓝聪尧

## 河南信阳河一号

用地面积：
36 380 平方米
建筑面积：
130 000 平方米
容 积 率：3.5
主要设计：
刘 臻、蓝聪尧

## 江门市“泰山泊天下”项目

用地面积：61 566 平方米
建筑面积：186 136 平方米
容 积 率：2.5
主要设计：刘 臻、朱 埔

## 肇庆端州一路项目

用地面积：46 046 平方米
建筑面积：167 200 平方米
容 积 率：3.8
主要设计：刘 臻、明 芬

## 规 划

### 成都长秋山国际会议中心项目

用地面积：306 663 平方米
建筑面积：840 000 平方米
容 积 率：0.36
主要设计：骆 清

# CPG Corporation Pte Ltd.

## 新加坡CPG集团

新加坡CPG集团是亚太地区主要的建筑管理与咨询服务专业公司，是世界银行和亚洲开发银行旗下的国际注册咨询单位。前身是新加坡公共工程局（PWD），成立于1833年，于1999年企业化。在过去的近两个世纪，CPG作为新加坡公共建筑及基础设施建设的主要管理承担者，为新加坡的国家建设作出了卓越的贡献，以不凡的设计理念塑造了新加坡"花园城市"的形象。CPG参与了新加坡多项标志性建筑的设计与管理，其中最具代表性的项目有：新加坡滨海艺术中心、新加坡滨海湾公园、樟宜机场、总统府、国会大厦、国立大学、南洋理工大学、陈笃生医院、邱德拔医院以及新加坡赛马场等。

新加坡CPG集团自2003年成为澳大利亚上市公司道纳（Downer EDI）旗下子公司。在中国、澳大利亚、新西兰、印度、越南、菲律宾及中东等国家和地区设有多个分支机构，承接项目遍及全球20多个国家和地区。

新加坡CPG集团完成的项目涵盖了各领域，并取得了令人瞩目的成就，例如：投资达80亿人民币的新加坡樟宜国际机场，已连续十几年被评为世界最佳机场；新加坡Solaris纬壹科技城先后荣获绿色标志白金奖和空中绿意一等奖；投资25亿人民币的新加坡邱德拔医院建成三年内荣获绿色标志白金奖、空中绿意一等奖和绿色建筑领袖奖等7项大奖。

新加坡CPG集团自1999年进入中国市场，已在国内40多个城市和地区承接了500多个项目，为各领域客户提供了全方位规划和建筑咨询服务，已与各地政府机构、上市地产公司、知名国企及民营地产开发商合作并成为长期战略合作伙伴。

新加坡CPG集团提供的服务内容：总体规划与城市设计、建筑设计与咨询、环境规划、土木与结构工程、机械与电气工程、环保设计、交通运输工程、工程造价与合约管理、项目管理、产业管理；提供规划和综合性设计与咨询的服务领域：总体规划、城市设计、专项规划、机场设计、住宅建筑设计、教育机构建筑设计、商务办公建筑设计、医疗机构建筑设计、政府机构建筑设计、绿色环保建筑设计、公共设施建筑设计。

CPG Corporation Pte Ltd.(新加坡CPG集团)
238B Thomson Road #18-00 Tower B Novena Square Singapore 307685
Tel: +65-6357-4888
Fax: +65-6357-4188
http://www.cpgcorp.com.sg

中国区总部——新工工程咨询（上海）有限公司
地址：上海黄浦区西藏中路585号新金桥广场九楼
电话：+86-21-63517888
传真：+86-21-63519888
网址：www.cpgcorp.com.sg

新加坡南洋理工大学艺术、设计与媒体学院
School of Art, Design and Media, Nanyang Technological University
2011年 新加坡建设局绿色建筑标志奖（白金奖）

媒体城@新加坡纬壹科技城
Mediapolis@One-North
2011年 新加坡建设局绿色建筑标志（优金奖）

Solaris@新加坡纬壹科技城
Solaris@One-North
2010年 新加坡建设局绿色建筑标志奖（白金奖）

新加坡邱德拔医院 Khoo Teck Puat Hospital

2009年 新加坡建设局绿色建筑标志奖（白金奖）
2010年 新加坡建筑师协会及国家公园局空中绿意一等奖
2010年 艾默生杯特别感谢奖
2011年 FuturArc绿色领袖奖（公共建筑类）
2011年 新加坡建设局通用设计金奖
2011年 新加坡建筑师协会设计奖（医疗建筑类）
2011年 新加坡建筑师协会年度最佳建筑奖
2011年 美国波士顿第七届"设计与健康"全球大会国际学院奖

## 广东顺德喜来登大酒店

建设地点：广东 顺德
客户名称：佛山市顺德区华财企业投资有限公司
基本功能：酒店、高级公寓
竣工日期：2009年
用地面积：50 082平方米
建筑面积：145 500平方米

# AU–SINO澳华（悉尼）建筑景观设计机构

## AU-SINO(Sydney) ARCHITECTURAL & LANDSCAPE DESIGN PTY. LTD.

AU–SINO ARCHITECTURAL DESIGN

AU–SINO澳华（悉尼）建筑景观设计机构是从事城市规划、建筑设计、房地产咨询及建设项目管理服务的专业设计机构。公司成立于澳大利亚悉尼，在中国杭州设有分支机构，并在南昌、济南设立了办事处。公司由专业设计师组成，是具备较高建筑艺术修养与强烈工作责任心的创作团体。

AU–SINO澳华设计机构自进入中国设计市场以来，凭借工程设计与项目服务相结合的业务优势，积极参与城市建设与商业房地产开发，将先进及独创性的设计理念融入所承担的项目，创造出众多具有独特人文地域特点，且能有效运作建造的项目，无论在政府业主还是私人投资商业主方面，AU–SINO澳华（悉尼）建筑设计机构都赢得了良好的口碑。多年来，AU–SINO澳华设计机构一直与各相关部门建立并保持了良好的合作关系。

AU–SINO（悉尼）建筑设计机构采用境外公司的设计管理模式，并习惯于将策划的概念引入规划设计中，以为投资商如何通过规划的方式取得最大的经济效益和社会效益回报作为宗旨。

随着国内工程建设项目日益国际化和规范化，为确保每个项目拥有最专业的设计水准，力求建筑品质的完美无缺，AU–SINO澳华（悉尼）建筑设计机构在国内先后选择了设立分支机构和办事处，以保证全国每一个项目都能有一流的设计师进行全程创作和跟踪，使每一个方案都能在设计品质和完成质量上保持高度一致性，并通过直接、详尽、科学的管理体系，让项目在获得独创设计与合理建造成本的同时，创造更多的品牌附加价值。使业主得益于与众多有创造性而又注重实效的建筑师合作，从每个项目中共同寻找独特机会，为市场创立新的建设理念，获得新的成功。

As a professional design company, AU-SINO (Sydney) dedicates itself to urban planning, building design, real estate consulting and project management. Founded in Sydney, we have established a regional headquarters in Hangzhou, and offices in Nanchang and Jinan. AU-SINO architects pride themselves in their architectural aesthetics and committed working attitude.

Ever since AU-SINO ventured into the Chinese market, we demonstrated prominent strength in our active participation in local urban planning and commercial development by integrating both the design and design-related services and applying state of the art design concept in our projects. We have a well-established reputation among the government sectors, clients and private investors through our unique vernacular design and its proven feasibility. For years, our connections in China grew soundly.

AU-SINO has inherited and applied our international design management standard locally and has competently combined both strategic planning and design planning for our ultimate goal of maximizing the client's profit and positive social gain.

We have set up regional headquarters and offices in order to maintain our standard of services worldwide and provide a better platform for interactions between our professionals and the clients. We strive to ensure that every single project is designed and followed up by our first class architects through a more straightforward, detailed and scientific management system. Our design is thus made across-the-board unique, feasible and beyond. Our innovative and practical professionals are all-time ready to offer their expertise to our clients in search of unique social and economical opportunities for every project.

▲【宜春天沐温泉谷】
项目位置：江西 宜春　项目规模：200万平方米
项目简介：世界华人高端温泉养生住区

▲【海南平海东郊椰林项目】
项目位置：海南 文昌　项目规模：40万平方米
项目简介：超五星级酒店群

Tel: +86-571-28880052　Fax: +86-571-28886630　Mail: au-sino@sohu.com　www.au-sino.com

RESORT·HILLSIDE VILLA　OFFICE·COMMERCIAL COMPLEX　HIGH-END RESIDENTIAL

## 【旅游度假·山地别墅】

▲【宿迁运河湾世知酒店】
项目位置：江苏 宿迁　项目规模：20万平方米
项目简介：运河湾五星级度假酒店

▲【宜春天沐温泉度假酒店】
项目位置：江西 宜春　项目规模：1万平方米
项目简介：以现代艺术来阐释中国江南风格的温泉度假酒店

▼▲【杭州普达海动漫产业园】
项目位置：浙江 杭州　项目规模：200万平方米
项目简介：包括产业基地、产业配套和地产开发的综合性项目

▲【海南平海逸龙湾】
项目位置：海南 文昌　项目规模：39.5万平方米
项目简介：五星级酒店式海景公寓

▲【天台浅水湾御景山庄】
项目位置：浙江 天台　项目规模：27万平方米
项目简介：大型景观别墅区

▲【海南星河湾度假酒店】
项目位置：海南 文昌　项目规模：4万平方米
项目简介：滨海度假式五星级酒店

◀【大同德和山庄】
项目位置：山西 大同
项目规模：2万平方米
项目简介：晋宅大院、餐饮主题度假山庄

▼【金华欧源原塑】
项目位置：浙江 金华　项目规模：30万平方米
项目简介：大型现代人文理念亲水居住社区

AU-SINO ARCHITECTURAL DESIGN

RESORT·HILLSIDE VILLA | OFFICE·COMMERCIAL COMPLEX | HIGH-END RESIDENTIAL

## 【办公·商业综合体】

▲【绍兴越隆集团大厦】
项目位置：浙江 绍兴　项目规模：4万平方米
项目简介：绍兴柯桥中央商务核心区高档办公楼

▲【杭州华立西溪综合体】
项目位置：浙江 杭州　项目规模：5万平方米
项目简介：杭州城西商业综合体——旋转的盒子

▲【邳州老汽车站综合体】
项目位置：江苏 邳州　项目规模：22万平方米
项目简介：大型城市综合商业体

▲【杭州复地复城国际】
项目位置：浙江 杭州　项目规模：30万平方米
项目简介：市中心高端物业综合体

▲【杭州中控集团大厦】
项目位置：浙江 杭州　项目规模：7万平方米
项目简介：高标准纯写字楼

【景德镇帝王大厦】▲
项目位置：江西 景德镇　项目规模：7万平方米
项目简介：瓷都中心坐标的城市综合体

▲【天津安利欧铂城】
项目位置：天津　项目规模：5万平方米
项目简介：高端商业综合体

◀【杭州现代集团大厦】
项目位置：浙江 杭州　项目规模：6万平方米
项目简介：杭州黄龙商业区纯写字楼

▼【杭州天辰国际广场】
项目位置：浙江 杭州　项目规模：12万平方米
项目简介：综合物业大厦

▼【千岛湖新城商务中心】
项目位置：浙江 杭州　项目规模：3万平方米
项目简介：新中式风格综合体

AU—SINO ARCHITECTURAL DESIGN

RESORT·HILLSIDE VILLA | OFFICE·COMMERCIAL COMPLEX | HIGH-END RESIDENTIAL

【高端住宅区】

▲【上饶博能久仰山河】
项目位置：江西 上饶　项目规模：25万平方米
项目简介：信江河畔的高端住宅小区

▲【柯桥赞成香林花园】
项目位置：浙江 绍兴　项目规模：32万平方米
项目简介：新装饰艺术风格的纯水岸住宅区

▲【南昌平海九里象湖城】
项目位置：江西 南昌　项目规模：63万平方米
项目简介：高端品质的大型综合性社区

▲【哈尔滨新洲碧水庄园】
项目位置：黑龙江 哈尔滨　项目规模：70万平方米
项目简介：松花江边园林生态楼盘

▲【杭州复地复城国际】
项目位置：浙江 杭州　项目规模：30万平方米
项目简介：市中心高端物业综合体

▲【宁波浅水湾蔚蓝海岸】
项目位置：浙江 宁波　项目规模：11万平方米
项目简介：纯高层人文居住小区

▲【潍坊亚特尔凤凰太阳城】
项目位置：山东 潍坊　项目规模：89万平方米
项目简介：超大规模，综合类高品质

【苏州冠城观湖湾】▶
项目位置：江苏 苏州
项目规模：25万平方米
项目简介：高档临湖生态小区

【柯桥万达广场住宅】◀
项目位置：浙江 绍兴
项目规模：37.5万平方米
项目简介：万达广场的高端大户型住区

ARCHITECTURAL DESIGN

AN-SINO

# Gensler

Gensler是一家全球建筑、设计、规划和战略咨询公司，专业从事各企业、机构和公共组织所拥有或使用的各种建筑及设施的设计咨询。我们提供全方位的建筑服务，从初始策划到设计、实施和管理。我们坚持客户至上的理念，深入了解客户目标和策略，力求通过我们的工作和服务显著增加客户的企业价值。

Gensler于1965年成立于美国旧金山。为了确保与客户密切互动，公司从一间办公室成长为一家拥有38个办公室和一个专业智囊团的大公司，人员超过2900人。

Gensler获得著名的美国《商业周刊》设计大奖评选出的多项荣誉，该奖项旨在评选出以战略性商业目的为导向的、创新设计解决方案。2000年，美国建筑师学会授予Gensler“年度最佳事务所”荣誉，是其授予合作事务所的最高奖项，并将Gensler列为“21世纪设计事务所典范”。《工程新闻记录》(Engineering News–Record)杂志及《世界建筑》(World Architecture)杂志将Gensler列为全球顶级建筑事务所。2006年，美国绿色建筑商会(US Green Building Council)授予Gensler“领袖奖”。

Gensler is a global architecture, design, planning, and strategic consulting firm that specializes in a wide range of building and facilities owned or used by businesses, institutions, and public agencies. Our services engage the full building cycle from initial planning through design, implementation, and management. We focus on our clients, understand their goals and strategies, and seek to add substantial value to their enterprise through our work and services.

Gensler was founded in San Francisco in 1965. To ensure close interaction with its clients, the firm has grown from one office to a broad-based organization with 38 locations and a professional resource in excess of 2,900 people.

Gensler received the Year 2000 Architecture Firm Award, the AIA's highest honor to a firm that has consistently produced distinguished architecture. Michael J. Stanton, FAIA, then President of the AIA, said in his announcement, “Gensler is America's foremost collaborative practice. The firm exemplifies how the creative mix of disciplines, all with 'place' as their focus, adds richness and value to buildings and their settings. Year 2000 is an appropriate time to honor a firm that has consistently pushed the boundaries of architecture.”

地　址：上海市卢湾区湖滨路222号企业天地1号楼908室
邮　编：200021
联系人：沈 杰
电　话：+86–21–61351922 Direct
　　　　+86–21–61351900 Main
传　真：+86–21–61351999
网　址：www.gensler.com/shanghai

Add: Room 908, Qiye Tiandi No.1 Building, Hubin Road 222, Luwan District, Shanghai
P.C.: 200021
Contact: Jay Shen
Tel: +86–21–61351922 Direct
+86–21–61351900 Main
Fax: +86–21–61351999
Http://www.gensler.com/shanghai

## 21世纪中心大厦

总 面 积：110 750平方米
占地面积：12 000平方米
建成时间：2010年

## The 21st Century Center Building

The Total Area: 110,750 $m^2$
Land Area: 12,000 $m^2$
Completion Time: 2010

21世纪中心大厦位于上海市最大的商务及金融区陆家嘴，占地面积近12 000平方米，大厦规划共48层。届时，四季酒店及服务式公寓将进驻21世纪中心大厦。

根据现有规划，21世纪中心大厦将分为四部分，包括2层裙楼、26层以下为50 000平方米的甲级写字楼、中段10层为四季酒店的190间客房、顶部约为60套服务式公寓。

The 21st Century Center Building locates in Shanghai's biggest business and financial district-Lujiazui covering approximately 12,000 square meters. We plan to build this building with 48 stories. Then, the Four Seasons Hotel and service apartment will start business here.

According to the current master plan, this building will be divided into 4 sections, including 2-story podium, the lower section under 26th floor that is for the Grade A office building part with approximately 50,000 square meters, the 10 stories in the middle section that is for the Four Seasons Hotel with about 190 guest rooms and about 60 suites of service apartment on the top floor.

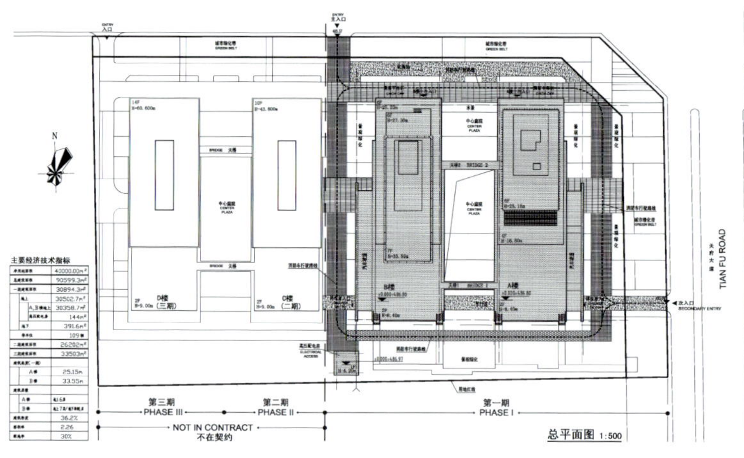

## 成都赛门铁克总部办公一期

建筑面积：80 000平方米
建成时间：2011年

## Symantec Chengdu Campus Phase I

Construction Area: 80,000 $m^2$
Completion Time: 2011

赛门铁克新的研发园区位于天府路和新星路拐角处，并且以宽大的建筑形式成一系列台阶状排列，形成整个园区。这些好似行进中的士兵将从十字路口排列升起，也使得道路得到最大的视野，并且提供了不同的比例尺度。

每个建筑由侧面所连接景观庭院。青葱优美的绿化环境以屋顶绿化梯台形式连续延伸攀爬至整个方案的每一处。这些花园给人们一个导向：从园区室内的工作环境通往自然环境。这样的设计也给整个园区提供了大、中、小三种户外空间，以便人们用餐、放松或交谈。

建筑顶层最宜人的功能：高大宽敞的结构给人们活力与无与伦比的感受。这些宜人的功能便于建筑间的流通和促进整个园区内部的循环。

秉承可持续发展的理念：整个园区将努力提供一个建筑设计的解决方案来处理对环境、使用者和来访者的影响。

赛门铁克新的研发园区将成为一个著名的科技中心：位于成都高科技区，吸引中国乃至世界的精英汇聚此地，使它成为首屈一指的商务软件区。

The Symantec New Research & Development Park Zone locates at the corner of Tianfu Road and Xinxing Road with large buildings to form a series of step-like arrangement covering the entire park. These step-shaped buildings like the marching soldiers rise from the intersection. Such design makes the road enjoy more broad view and provide different scales at the same time.

Each building is connected by its sides and the landscape yard. The Lush and beautiful environment covers the continuous extension to everywhere of this program with green roof ladder platform. These gardens function as a guide leading people from indoor work environment of the zone to natural environment. Such design also provides the whole park zone with large, medium and small sized outdoor space for people to dine, relax or chat.

The most comforting functions of the top floor of the building and the capacious structure give us a kind of distinctive feeling of vitality. These satisfying functions are convenient to the building's inner communication and promote the inner circulation throughout the whole zone.

Adhering to the concept of sustainable development, we will endeavor to provide the certain architectural design solutions of the whole park zone to cope with the influence of environment, users and visitors.

The Symantec new Research and Development Zone will become a distinguished technology industrial center located in Chengdu high-tech District attracting talents throughout China and all over the world. We aim to make it the premier business software district.

## 招商银行

建筑面积：202 000平方米
地　　点：上海
设计时间：2006年
建成时间：2011年

国际性的金融机构需要国际性的人才；为了吸引业界精英的加盟，招商银行目前正建造总面积202 000平方米的总部大厦，以提供客户及员工所需要的各种设施。

我们在建筑设计、室内设计及景观设计中力求彰显企业文化，使设计和谐统一，天衣无缝，正如招商银行服务多样的银行卡中心，竭诚提供令客户满意的舒适服务。我们的设计力求做到形象统一，正如一张发给客户的信用卡，而且也能时时处处提醒员工身处招商银行的大家庭之中。

简洁、优雅与宁静是设计意向的三大核心概念。坚实可靠的石材象征着有力的基础，而清爽自然的布局则体现了招商银行合作无间的精神。

## Merchants Bank

Construction Area: 202,000 $m^2$
Location: Shanghai
Design Time: 2006
Completion Time: 2011

The international financial institute demands the international talents. In order to attract the elites of this industry to join in, at present, China Merchants Bank invests a 202,000 square-meter headquarters building to provide different kinds of amenities desired by clients and staff.

In the process of the architectural design, interior design and landscape design, we aim to highlight corporate culture and to make the design harmoniously and seamlessly. That's like the bank's card center which could offer a variety of services dedicating to provide the satisfying and comfortable services to customers. Our design strives to achieve the unifying image like a credit card, which is sent to customers, could remind every staff to be in the big family of the bank all the time.

Simplicity, grace and tranquility are the three core concepts of this design. The solid and reliable stone symbolizes the strong base, and the fresh and natural layout embodies the close cooperation spirits of China Merchants Bank.

# J.A.O.Design International Architects & Planners Limited

# 美國龍安建築規劃設計顧問有限公司

美国龙安建筑规划设计顾问有限公司1984年成立于纽约，是由美籍华人、国际著名建筑规划专家饶及人先生创建的国际性建筑规划设计服务公司，作为在中国已成功经营了10余年的外籍设计公司，其规划与建筑作品遍及31个省、市、自治区的80多个城市，以及中东、加勒比海地区，并赢得117个知名设计奖项。自2004年起，该公司连续多年获得“中国十大影响力设计单位”的殊荣，凭借自身优秀的设计能力和良好的市场口碑，规划设计的作品达300余个，为海内外投资者的开发提供了大量成功典范。美国龙安公司凭借扎实稳健的设计实力及先进的设计理念、丰富的经济学识、突出的工作业绩，在业界树立了良好的专业品质和企业形象，是在中国将“国际设计理念”落地的专业单位。

美国龙安建筑规划设计顾问有限公司作为美国龙安集团旗下最核心的品牌公司，始终将集团“以城市规划设计为切入点进行城市运营，为中国百姓提供世界级的低碳绿色建筑”的发展理念作为己任，积极推动中国城市化发展的进程。

美国龙安公司拥有多种文化背景的专业设计人员，为客户提供以下四种专业服务。（1）规划设计：城市规划（新市镇规划、旧区改建规划、旅游度假区规划、市政规划、CBD设计）及各专项规划。（2）建筑设计：甲级写字楼、购物中心、住宅楼群、博物馆、会展中心、国际学校、综合大楼、五星级酒店等。（3）景观设计：公园、居住区环境景观设计、游乐场、广场等。（4）室内设计：星级酒店、营业厅、各商业场所、别墅、公寓、售楼处、会所等。迄今为止，城市规划总面积2 808平方千米（约46个纽约曼哈顿岛）；住宅区规划设计总建筑面积约为2 180万平方米（约为21万个家庭住宅）；公建设计总建筑面积1 150万平方米（相当于71个国家大剧院）；旧城改建街道总长度11 300米（相当于6条半法国香榭丽舍大道）；景观设计总面积776公顷（约2个半纽约曼哈顿中央公园面积）；室内设计总面积13万平方米（约430个样板间）。

2009年，美国龙安成功收购了住房和城乡建设部甲级设计单位北京众拓建筑工程设计有限责任公司（与住建部科技发展促进中心共同持股，其中北京龙安控股70%，资质号A111000883），成为目前国内为数不多的具有甲级资质的外籍建筑设计企业之一。双方整合优势资源形成核心竞争力，强强联合进一步巩固了美国龙安在中国建筑规划设计领域内的领先地位。

与其他国际设计公司不同，美国龙安公司作为跨国经营的事务所，中西合璧的理念结合得最好，在中国获奖最多，成为中国最具影响力的国际设计事务所；由于充分了解与熟悉中国的体制与管理，并能和中国各城市主管领导进行无障碍沟通，美国龙安公司结合自身的国际资源优势与实际经济情况，同时通过集团总裁饶及人先生的充分整合，集中调动国际基金资源，介绍与带进投资，让项目得到落地执行。

**提供专业服务，为客户量身定制配套顾问服务**

美国龙安建筑规划设计顾问有限公司以“精品设计”、“量身定制”为座右铭，针对不同种类的项目需求，向客户提供建设开发、投资可行性研究，以及项目投资、融资等配套顾问服务。

**中西文化兼容并蓄，客户意愿完美体现**

美国龙安建筑规划设计顾问有限公司着重于两栖文化的结合，塑造“中西合璧”的理念，成功地将先进的设计思路与商贸哲学运用于各项规划和建筑设计项目中，使客户的意愿得到完美体现。公司凭借多年实战经验与丰富的社会资源为客户提供高品位、高回报率的专项服务。

**中西交流的桥梁**

美国龙安建筑规划设计顾问有限公司能将国际先进的规划设计理念引入，并通过资金板块、外商资源，使这些理念成为现实。对经过规划后，一些基础较好、前景较明朗的项目，可以协助或自主对国外招商、引入境外投资机构包括亚洲开发银行(ADB)、世界银行(WD)的资金或引进大型金融机构参与项目，使整个项目从设计构思到实施完成达成完美的统一。美国纽约曼哈顿区驻中国商务代表处选择于美国龙安建筑规划设计顾问有限公司挂牌设立，即为外界对其在中国业界和社会地位的肯定范例之一。

**卓越成绩，无上光荣**

美国龙安建筑规划设计顾问有限公司和饶及人先生近两年所获部分重要奖项及荣誉包括：

2011年　首开绵阳仙海湖及沈阳沈北新区首开乐活小镇荣获“绿色建筑之星最佳绿色建筑奖”

2011年　饶及人总裁荣获由中国住房和城乡建设部主管、住房和城乡建设部优秀期刊《中国建设信息》杂志颁发的“2010年度房地产杰出人物”奖

2010年　美国龙安被住房和城乡建设部、中国建筑文化中心评为“中国最具业主满意度设计机构”

2010年　石家庄·易水龙脉项目荣获“中国资源节约型、低碳社区影响力示范楼盘”称号

2010年　饶及人先生被搜狐焦点网选为搜狐焦点“2009年度房地产意见领袖”

2010年　饶及人先生于“和谐中国2009年度影响力人物”颁奖盛典上荣获“十大影响力人物”

2009年　在“2009年中国城市建设与管理高峰论坛暨中国城市建设与管理60年表彰活动中”，饶及人先生被中国城市经济学会、《建筑》杂志社授予“中国城市规划60年十大杰出人物”荣誉称号

2009年　饶及人先生于2009中国·青田华侨总部经济发展论坛上被青田县委、县政府授予青田侨界“六十杰”十大创业精英荣誉称号

2009年　美国龙安集团获得由中国国际城市化发展战略研究委员会颁发的“2009年中国城市化进程科学发展特别奖”

2009年　“中国移动通信集团江西有限公司红角洲生产基地”项目获得全国工商联房地产商会第六届精瑞住宅科学技术奖规划建筑设计优秀奖

2009年　云南昆明五华区王家桥片区城市设计，获国际竞赛第一名

2009年　唐山南湖生态城总体概念规划项目获得联合国人居署2009HBA中国范例卓越贡献最佳奖

2009年　唐山市南湖生态城国际定向咨询，国际方案征集获奖实施方案

2009年　在中国商业地产行业年会颁奖盛典上，美国龙安建筑规划设计顾问有限公司获得“2008中国知名商业设计机构”奖项

2008年　昆明城市设计概念性方案征集荣获优胜奖

2008年　“2008中国城市住宅与房地产业发展高峰论坛”中，饶及人先生获得由中国房地产业协会、中国建筑节能减排产业联盟联合颁发的“2008中国责任地产年度人物”奖

2008年　第二届中国城市化国际峰会中，饶及人先生获得由中国国际城市化发展战略研究委员会颁发的“2008年度中国城市化进程十大贡献力人物”奖

2008年　全国工商联房地产商会主办的第五届精瑞住宅科学技术奖活动中，“南昌东方·海德堡”项目荣获住区规划设计优秀奖

2008年　中国台湾第16届中华建筑金石奖中，北京通州宋庄南部文化创意产业集聚区城市概念设计、内蒙古呼和浩特大南和大北街蒙藏文化景观街整治项目、遂宁市行政中心建筑方案设计分获国际组设计大奖

2008年　在《2007—2008中国建筑设计作品年鉴》中，美国龙安公司被评为优秀设计机构并成为特邀编委单位。

2008年　美国龙安公司荣获中国房地产创新规划建筑设计杰出成就奖

2008年　中国·内蒙古呼和浩特市回民区伊斯兰建筑特色景观街项目荣获联合国人居署迪拜国际范例推动设计奖

2008年　中国·宋庄文化创意产业集聚区项目荣获联合国人居署迪拜国际范例推动设计奖

2007年　饶及人先生荣获“CIHAF2007年度中国最具影响力设计师”称号，美国龙安公司荣获“CIHAF2007年度中国最具影响力规划建筑设计机构”称号

2007年　美国龙安公司获得全国工商联房地产商会首批认证“全国绿色生态建筑示范项目签约规划设计机构”

2007年　美国龙安公司荣获国际房地产协会及国际建设联盟等机构授予的2007年度“中国房地产十大建筑设计公司”称号

2007年　内蒙古呼和浩特多元文化特色景观街项目在庆祝内蒙古自治区成立60周年的活动中，荣获最佳建筑工程设计奖。饶及人先生获得“市长特别奖”

中国总部(北京)：北京市朝阳区光华路5号世纪财富中心东座20层 邮编：100020

# J.A.O.Design International Architects & Planners Limited

# 美國龍安建築規劃設計顧問有限公司

J.A.O Design International Architects & Planners Limited was established in 1984 in New York, providing internationally celebrated architecture and planning services. It was founded by Chinese American Mr. James Jao, a famous expertise in architecture and planning. As a certified foreign enterprise that has more than a decade years' running experience in China, its planning and construction works has been throughout more than 80 cities in 31 provinces, municipalities and autonomous regions, as well as the Middle East, the Caribbean and other regions, which have won 111 known design awards. Since 2004, it has been honored with "China Top Ten impact Power Design Unit "award for 6 years by virtue of its excellent design capability and good market reputation. The company has planned and designed more than 300 works which could provide a good many of success paragons for both domestic and foreign investment. With solid strength solid design and advanced design concepts, knowledge-rich economy, outstanding job performance, J.A.O establishes a good professional quality and corporate image in the industry, as a professional unit bringing "international design" into China.

As the company's core brand branch, J.A.O Design International Architects & Planners Limited, always holds the development ideas that "to take urban planning and design as a focal point for urban operations, to provide Chinese people with world-class low-carbon green buildings" as its mission, actively promoting the process of urbanization in China.

J.A.O employs professional designers with various cultural and national background. J.A.O Design provides professional services to its clients:

(1) Programming. Urban Planning: including new town planning, Urban reconstruction planning, city planning, tourism planning, Municipal planning, CBD design, and other specific planning.

(2) Architecture Design: including Class A office buildings, shopping centers, residential buildings, museums, exhibition & convention centers, international schools, mixed-use apartments, and five star-rated hotels.

(3) Landscape Architecture: including gardens, parks, plazas, etc.

(4) Interior Design: Star-rated hotels, business hall, commercial establishments, villas, apartments, sales offices, clubs, etc.

So far, its city planning area has covered 2,746 square kilometers (equivalent to 45 Manhattan in New York); approximately 1,785 million square meters total floor area of residential planning and design (equivalent to 17 million households in housing); a total construction area of 9.3 million square meters in public designed building (equivalent to 58 National Grand Theatre); total length of the street of 11,300 meters in Urban reconstruction planning (equivalent to six and a half in France Champs Elysees); landscape design covering a total area of 776 hectares (about two and a half Manhattan's Central Park area in New York); interior design covering a total area of 130,000 square meters (about 430 showroom).

In 2009, J.A.O successively took acquisition of a Class A design unit, the Beijing Zhongtuo Construction Engineering Design Limited Liability Company (010518-sj), become one of the few foreign architectural design firms with Class A qualification. After integration of advantageous resources, the two parties formed a core competitiveness and powerful alliances to further strengthen the leadership status of J.A.O in Chinese architectural planning and design industry.

Other than international design firms, J.A.O as a multinational company sets up the best combination of Chinese and Western philosophy, winning the most awards in China, and becomes the most influential international design firm in China. Fully understanding and being familiar with China's system and management, along with the obstacle-free communication with competent leadership in all Chinese cities respectively, J.A.O combines international resources of it itself and the actual economic situation, relying on the fully integration under Group CEO, Mr. James Jao, and intensively mobilizes international financial resources to introduce and bring investment to enable the project to implement.

**Providing customers with professional services with customized supporting consulting services**

J.A.O takes "fine design" and "customized" as the motto. Based on projects demand of different types, it provides customers with supporting advisory services involving building development, investment feasibility studies, project investment and financing.

**Inclusive Chinese and western culture, perfect embodiment of customers' wills**

J.A.O focuses on the combination of amphibious culture, and shapes the concept of "when East meets West". It has successfully applied advanced design ideas and business philosophy to the planning and architectural design projects, so that customers' wills are perfectly embodied. By many years' practical experience and abundant social resources, it provides customers with high-grade and high rate of return special services.

**Bridge for Chinese and Western communication**

J.A.O can bring in the international advanced planning design concepts and make these ideas a reality through the funding plate and foreign resources. For those projects which have good base and bright perspective after planning, the company can help or independently attract foreign investment, and introduce foreign investment institutions including the funds of the Asian Development Bank (ADB), World Bank (WD). It can introduce large financial institutions involved in the project, so that the whole project achieves the perfect unity of completion from design concept to implementation. Business Representative Office of Manhattan, New York in China chose to be set up in J.A.O., which is one of the affirmation examples for its social status in the Chinese industry from public opinions.

**Important awards and honors won by J.A.O. Design International Architects & Planners Limited and Mr. James Jao in recent two years:**

2011 Capital Development Xianhai Lake Project (Mianyang) and Capital Development Lohas Town (Shenbei New District, Shenyang) won the prize of "Star of Green Building – The Best Green Building".

2011 CEO Mr. James Jao won the prize "Year 2010 Outstanding Real Estate Practitioner" granted by *China Construction Information Journal*, an excellent periodical under the administration of the Ministry of Housing and Urban-Rural Development.

2010 J.A.O. Design International Architects & Planners Limited won the title of "Owners' Most Satisfied Design Institute of China" awarded by Ministry of Housing and Urban-Rural Development, China Architectural Culture Center.

2010 Yishui Longmai, Shijiazhuang Project won the title of "Resource Conservation, Low-Carbon Community Influence Demonstration Building".

2010 Mr. James Jao was selected as Sohu Focus -- "2009 Leader of Real Estate Reviews" by Sohu Focus Website.

2010 Mr. James Jao was selected as one of the "Top 10 Most Influential Persons" on the awards ceremony of "Harmonized China – 2009 Influential Persons".

2009 In "2009 Urban Construction & Management Summit Forum of China – the 60 Years Awarding Activity of China's Urban Construction & Management", Mr. James Jao was honored as "Top Ten Outstanding Persons of China's Urban Planning" by *Architecture and Construction*.

2009 In the 2009 Economy Development Forum of Headquarter of Overseas Chinese of China – Qingtian, Mr. James Jao was honored as the "Top 60 Elites" of Overseas Chinese of Qingtian by Qingtian County Party Committee and Qingtian County Government.

2009 J.A.O. Design International Architects & Planners Limited won the "Special Award for Urbanization Process Scientific Development of China, 2009" issued by China International Urbanization Development Strategy Research Committee.

2009 "Red Delta Production Base of China Mobile Limited (Jiangxi Branch)" won the Excellent Award for Planning Architectural Design of 6th Elite Award for Housing Technology issued by China Commercial Real Estate Commission.

2009 Urban Design of Wangjiaqiao Area of Wuhua District, Kunming, Yunnan won the First Prize of International Competition.

2009 Overall Conceptual Planning of South Lake Eco-City, Tangshan won the Best Prize for Excellent Contribution of HBA - China's Demonstration Project, 2009 issued by United Nations Human Settlements Programme.

2009 International Orient Consulting and International Scheme Collection of South Lake Eco-City, Tangshan won awards for Construction Scheme.

2009 In Anniversary Awards Ceremony of China Commercial Real Estate Commission, J.A.O. Design International Architects & Planners Limited won the award of "China Famous Commercial Design Institute, 2008".

2008 Conceptual Scheme Collection of Urban Design, Kunming won the award for Excellent Scheme.

2008 In "2008 Urban Housing & Real Estate Development Summit Forum of China", Mr. James Jao won the award of "Person of the Year 2008 of China Responsible Real Estate" issued by China Real Estate Association and China Building Energy-Saving Emission Reduction Industry Alliance.

2008 In the 2nd China Urbanization International Summit, Mr. James Jao won the award of "Top 10 Contributors for China Urbanization Process, 2008" issued by China International Urbanization Development Strategy Research Committee.

2008 In the 5th Elite Award for Housing Technology issued by China Commercial Real Estate Commission, "Nanchang Oriental – Heidelberg" won Excellent Award for Planning and Design of Residential Community.

2008 In 16th Architectural Golden Stone Award of Taiwan, China, Urban Conceptual Design of Culture and Creativity Integrating Area in Southern Area of Songzhuang, Tongzhou, Beijing, Renovation Project of South and North Mongolian-Tibetan Cultural Landscape Street, Hohhot Municipality, Inner Mongolia and Architectural Scheme Design of Administration Center, Suining all won Design Awards of International Team.

2008 In *China Architectural Design Works Annuals, 2007 – 2008*, J.A.O. Design International Architects & Planners Limited was honored as Excellent Design Institute and became the Invited Editorial Unit.

2008 J.A.O. Design International Architects & Planners Limited won the Outstanding Achievement Award for Creative Planning Architectural Design of China Real Estate.

2008 Landscape Street with Islam Building Characteristic in Muslim Region of Hohhot Municipality, Inner Mongolia, China won the Promoting Design Award for Dubai International Example issued by United Nations Human Settlements Programme.

2008 Culture and Creativity Integrating Area of Songzhuang, China won the Promoting Design Award for Dubai International Example issued by United Nations Human Settlements Programme.

2007 Mr. James Jao won the title of "CIHAF Most Influential Designer of China, 2007". J.A.O. Design International Architects & Planners Limited was selected as "CIHAF the Most Influential Planning & Architectural Design Organization of China, 2007".

2007 J.A.O. Design International Architects & Planners Limited was one of the earliest "National Green Eco-Building Demonstration Project Contract Planning & Design Organizations" authenticated by China Commercial Real Estate Commission.

2007 J.A.O. Design International Architects & Planners Limited was selected as "Top 10 Large Real Estate Architectural Design Companies of China, 2007" by International Real Estate Association, International Construction Alliance and other organizations.

2007 In the celebration ceremony of Inner Mongolia Autonomous Region's 60th Birthday, the Project of Multi-Cultural Characteristic Landscape Street, Hohhot Municipality, Inner Mongolia won the "Best Construction Engineering Design Award". Mr. James Jao won the "Mayor Special Award".

Tel: +86–10–8587 5222 Fax: +86–10–8587 5922 E-mail: jaobj@jaodesign.com Http://www.jaodesign.com

## 阿克苏拜城县总体规划（2010年）

建设地点：新疆 拜城
建设规模：20平方千米
服务范围：城市总体规划、城市设计、控制性详细规划

## Aksu Baicheng County Master Plan (2010)

Location: Baicheng, Xinjiang
Construction Scale: 20 Square kilometres
Service Scope: Master Plan, Urban Design, Regulatory Planning

拜城县地处新疆阿克苏地区，具有良好的生态环境与城市发展基础，本规划从总体规划、城市设计以及控制性详细规划3个层面展开，运用适宜的生态技术手法，提出一套将生态理念落地于城市的方法，通过各个层面的逐级控制，保障生态城市的落地建设，更加有效地指导当代我国城市的发展和建设。

本规划在尊重现有生态格局基础上，创建宏观的生态网络，建立生态区块的连接，规划确立"生态核心+生态廊道+生态斑块"的生态网络系统。组团及片区间不同层级的生态中心形成全覆盖的、多功能的绿色空间体系。控制城市街区规模，打造人性化可步行的城市，同时大力发展绿色交通、绿色产业等，引进新兴生态技术，诸如太阳能光电、地源热泵、中水回收等，建立起真正的西部生态城市。

核心区效果图

城北新区鸟瞰

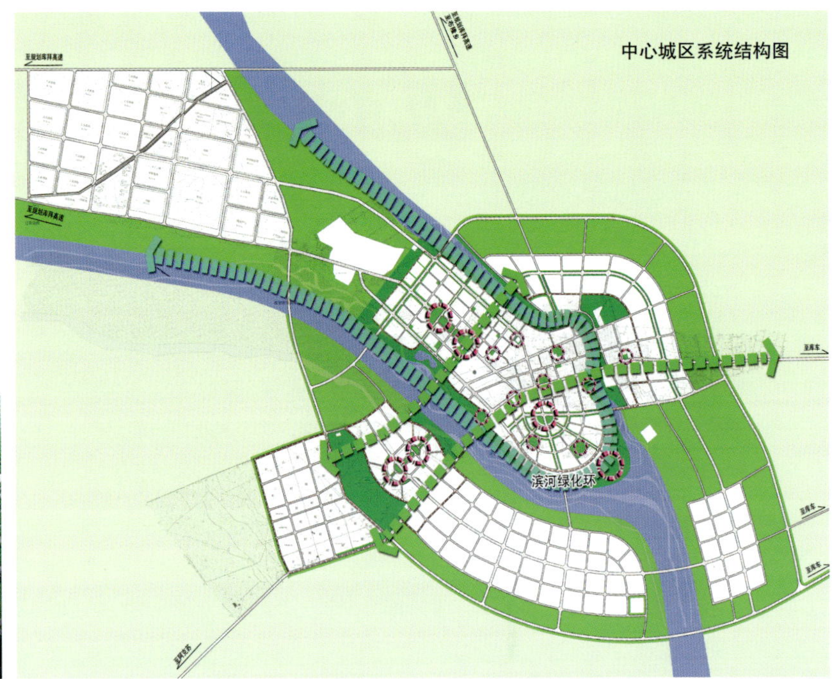

中心城区系统结构图

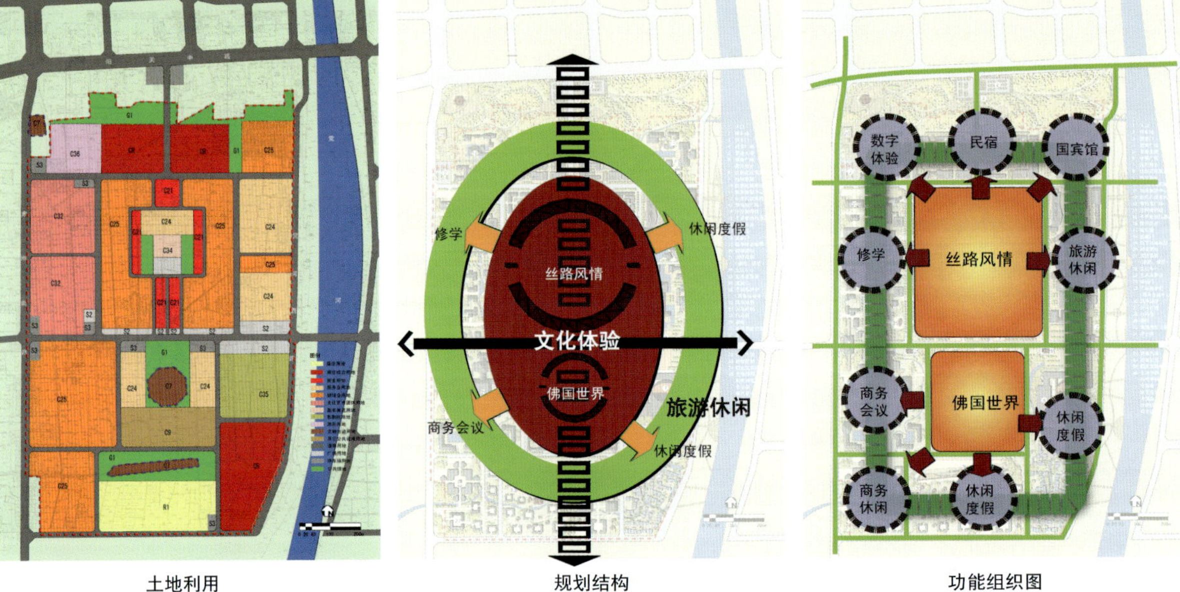

土地利用　规划结构　功能组织图

## 敦煌沙州古城复建规划项目（2009年）

建设地点：甘肃 敦煌
建设规模：115公顷
服务范围：修建性详细规划

## Recovery Planning Design of Shazhou Ancient Ruins, Dunhuang (2009)

Location: Dunhuang, Gansu
Construction Scale: 115 ha
Service Scope: Site Plan

随着旅游业的日益兴盛，敦煌凭借其无与伦比的文化魅力将迅速拓展市场，敦煌古城借力于莫高窟的人文影响以及鸣沙山月牙泉独特的自然风光，通过对城市文化内涵的深度发掘，重塑敦煌古城的形象。

本次规划以古城之魂为线索，从古城众多的文化中，淬炼出其最具核心竞争力部分，即丝路文化与宗教文化，明确古城的资源禀赋，再现古城的辉煌。

本规划以华戎交汇为主题，从丝路文化以及宗教文化出发，建立核心文化体验圈层，以汉唐及西域风情深度体验为目的，弘扬中国国学文化以及佛教文化，集中展现古城文化的更替与交汇融合的文明的传承；对传统文化进行挖掘的同时，形成次生旅游休闲圈层，衍生出修学、商务会议、休闲度假等不同功能，完善敦煌市旅游基础设施，提升整体旅游环境。

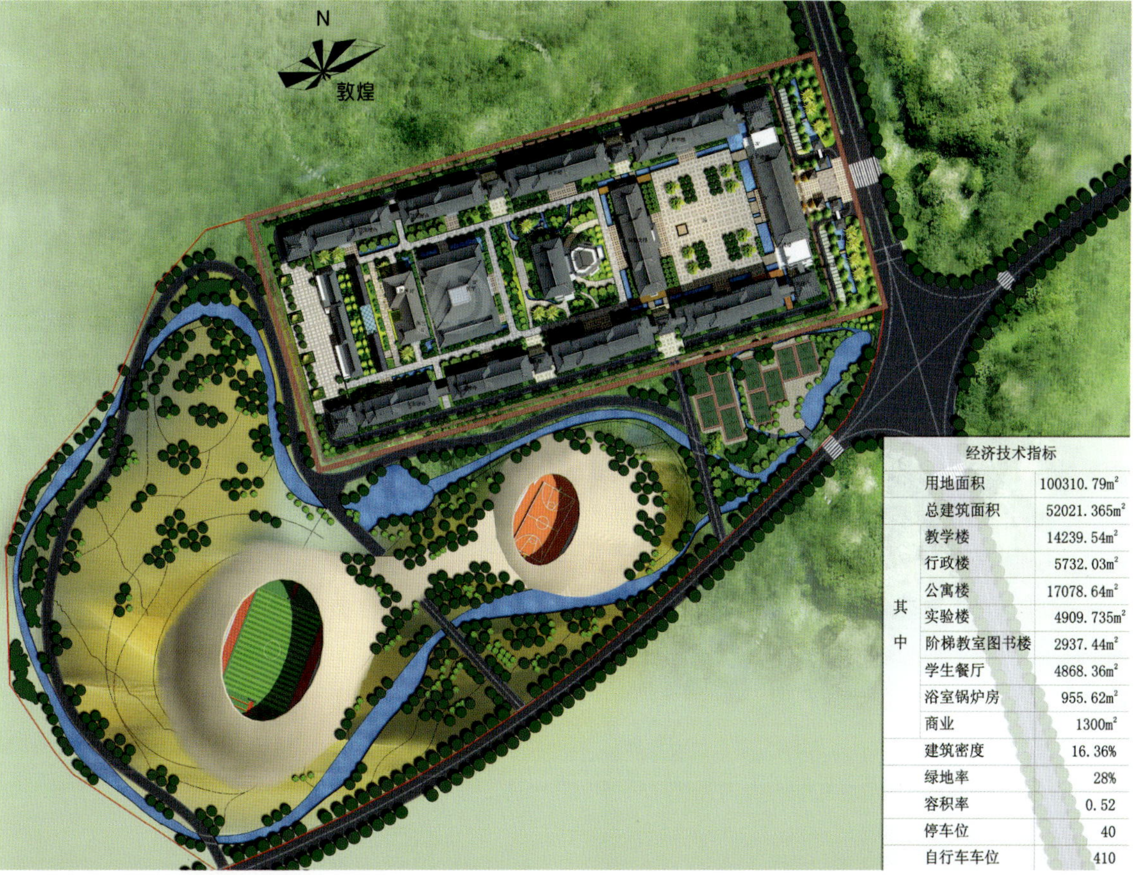


经济技术指标

| | | |
|---|---|---|
| 用地面积 | | 100310.79m² |
| 总建筑面积 | | 52021.365m² |
| 其中 | 教学楼 | 14239.54m² |
| | 行政楼 | 5732.03m² |
| | 公寓楼 | 17078.64m² |
| | 实验楼 | 4909.735m² |
| | 阶梯教室图书楼 | 2937.44m² |
| | 学生餐厅 | 4868.36m² |
| | 浴室锅炉房 | 955.62m² |
| | 商业 | 1300m² |
| 建筑密度 | | 16.36% |
| 绿地率 | | 28% |
| 容积率 | | 0.52 |
| 停车位 | | 40 |
| 自行车车位 | | 410 |

## 敦煌四中（2010年）

建设地点：甘肃 敦煌
建设规模：50 647平方米
服务范围：概念方案设计、实施方案设计

## Dunhuang Number Four Middle School (2010)

Location: Dunhuang, Gansu
Construction Scale: 50 647 m²
Service Scope: Conceptual Design, Architectural Design

本项目位于甘肃省敦煌市，东临鸣沙山路，南侧为规划中的城市体育馆。场地地势平坦开阔。

1. 用历经千古劲风洗礼的美丽而神奇的沙漠之丘，雕塑成我们的主体育场和篮球馆；
2. 用水、花和绿树展示着顽强的生命和残酷的大漠千古斗争的和谐；
3. 把整个教学用地和体育用地，就其地形视做一个巨大的大漠宝石；
4. 把我们的四中——“敦煌书院”用古老而现代的书院格局雕刻在这宝石上，形成一颗巨大的艺术和文明之印，很中国！很经典！很敦煌！
5. 用水、树、花草的巧布妙植构成千古大漠美丽的生态新貌；
6. 曲直相融、通畅相宜的交通组织体现出书院古今相贯的气魄和宏达；
7. 有序的功能分区与组织构成书院生命永恒楼、阁、廊的有机布置，又为莘莘学子提供着万种求知立志空间；
8. 以汉唐建筑之雄，现代建筑之亲和构成独到的古今建筑相和谐的建筑风格；
9. 高低错位、组群井然、高雅而富有青春活力，无不象征新一代学子之风范；
10. 学校体育设施，利用近邻的敦煌市体育文化中心统一设置，以使城市资源共享。

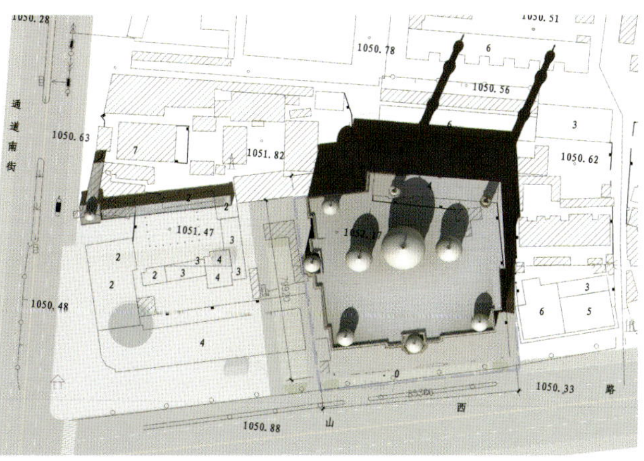

## 呼和浩特市回民区阿拉伯宫（2008年）

建设地点：内蒙古 呼和浩特
建设规模：30 600平方米
服务范围：方案设计、初步设计、施工图设计

## Arabian Palace in Hohhot Inner Mongolia (2008)

Location: Hohhot, Inner Mongolia
Construction Scale: 30,600 m²
Service Scope: Architectural Design, Primary Design, Construction Drawing Design

项目位于呼和浩特市中山西路与通道南路交汇处东北角，在行政区的划分上位于呼和浩特市回民区，属老城区范围。场地紧临城市主干道中山西路，占据商业中心的有利位置。场地周边为原始的回民部落，拥有独特的民族文化。

项目为集餐饮、表演及购物的综合体，力图打造呼和浩特市新的商业中心，为老城区注入新的活力和生机。设计地上五层，地下一层：地下一层为停车场，一至三层为商场，四、五层为餐饮娱乐中心。整体造型选择了阿拉伯风格，穹顶和高塔的组合勾勒出清晰的建筑表情和丰富的天际线，符合呼和浩特市回民区的地域特征。

### 江西南昌东方海德堡（2007年）

建设地点：江西 南昌
占地面积：8公顷　建筑面积：143 000平方米
服务范围：建筑、景观方案，初步设计

### Jiangxi Nanchang Oriental Heidelberg Community (2007)

Location: Nanchang, Jiangxi
Plot Area: 8 ha　Building Area: 143,000 m$^2$
Service Scope: Architecture and Landscape Design & Preliminary Design

项目规划设计立足于从人文、社会、环境与文化特点出发，根据以人为本及可持续发展的原则，充分考虑现代社会住宅使用者对居住环境的多层次需求，创造一个"地标性高尚居住区"。规划设计强调尊重环境、以人为本，着力体现邻里和谐，倡导交流的现代社区精神，打造"景观、文化、情感、交流"的主题，使最多的住户同时享有"阳光、绿化、水体和场所"，在满足人与人交往的同时，休闲、文化、绿化环境成为社区生活的主旋律，以适应本社区多元化、差异化、不同层次和人群的特殊需求。

本项目的建筑、街道、绿地、人行步道、自然驳岸、景观水体等元素，通过富于想象力的设计手法，有效地整合在一起，充分体现生态理念，绿色广场的设计表现、自由水体的运用和对阳光的重视，以及为邻里和谐营造良好的交流氛围，塑造了建筑形态的标志性、时尚性和可识别性。建筑外立面采用新古典主义的设计手法，玻璃和其他材料的良好结合运用，使之具有时代感和韵律感。在节约能源和资源的循环利用方面，采用极具价值的雨水收集系统、绿色生态系统、植被降尘系统，太阳能节能系统等等，提高住区绿色建筑的品位。

### 美国龙安集团新址室内设计（2011年）

建设地点：北京
建筑面积：2 402平方米
服务范围：方案设计、施工图设计

### Interior Design of New Premises of J.A.O. Design International Group (2011)

Location: Beijing
Building Area: 2,402 m$^2$
Service Scope: Architectural Design, Construction Drawing Design

该项目将“乐活”的生活理念引入住宅市场，必将带动新的市场方向，成为区域领跑者。从沈阳及沈北新区发展来看，蒲河新城将得到大力发展，其生态化的城市环境必将吸引大量置业及投资人群。乐活小镇项目日力争打造新城的首座生态宜居小镇，创造特色生态居住环境，提升地区城市形象，树立虎石台地区居住标杆，打造蒲河新城及沈北新区的居住品牌。

良好的人居环境，是打造生态小镇的前提条件。首开·国风润城（乐活小镇）的设计切入点“乐活”即来源于此。“乐活”是一种生活态度，是乐观和包容，生活的质量不仅取决于经济基础，更取决于全新的生活观念。

“乐活”由LOHAS音译而来，LOHAS是英语Lifestyles of Health and Sustainability的缩写，意为以健康及自给自足的形态生活，强调“健康、可持续的生活方式”，“健康、活力、生态、和谐”是乐活的核心理念。

首开·国风润城（乐活小镇）项目适合打造完整的小镇空间和功能结构，形成完善的小镇人文气息和情调氛围，充分展现小城镇应有的活力和生命力。以“乐活”为开发理念，打造一个生活的天堂、充满活力的微型都市，引领沈阳新城市生活方式的风情宜居小镇。在这里，居住环境将对居住者的社交活动、生活方式等产生一系列的重要影响；在这里，我们可以体验到一种生活的享受，可以感触到家园的认同感与归属感。

**沈阳首开·国风润城（乐活小镇）（2010年）**
建设地点：辽宁 沈阳
占地面积：1 078 000平方米
建筑面积：493 000平方米
服务范围：方案设计、初步设计

**Shenyang Shoukai · National Custom Happy City (Lohas Town) (2010)**
Location: Shenyang
Plot Area: 1,078,000 m$^2$
Building Area: 493,000 m$^2$
Service Scope: Architectural Design, Preliminary Design

**首开通州马驹桥住宅区（2011年）**
建设地点：北京
建设规模：296 490.62平方米
服务范围：总体规划方案、景观概念设计、
建筑方案设计、初步设计、施工图设计

**BCDH Tongzhou Majuqiao Residential Area (2011)**
Location: Beijing
Construction Scale: 296,490.62 m$^2$
Service Scope: Master Plan, Landscape Design, Architectural Design, Preliminary Design, Construction Drawing Design

本项目的建筑群落，像一只只蓝天下自由飞翔的白天鹅，它们在蓝天下，或单或对或成行，构成一朵朵、一丝丝美丽动人的祥云。在这祥云下面，是美丽、自然、生态的绿洲。天鹅们要栖息在这里——带着它们深深的眷恋和甜甜的梦想！我们的建筑群落，像一座座振奋人心的现代都市雕塑，标志着首都新型建筑形态的开端，代言片区城市风貌发展的永恒经典，领跑片区文明和经济，示范中国农迁房与都市和谐发展！我们的建筑群落，系统而全面地贯穿绿建（低碳、环保、节约、友好）国际精神，并首次实施整个社区生态公园化，彻底人车分流，把安全、从容的原生态体系归还人类的栖息场所，同时把社区建设成为现代智能化社区，并做到完善的现代生活配套，充分展示一个生态体系上享尽现代文明的时尚社区。这就是我们首开——国企、大企的英雄气概，把党和政府亲民爱民、建设城乡一体化的意志落实到成果，把高尚和品质贡献给社会，把美丽和经典留给历史——这是我们的责任，这是我们的开发宗旨，这是我们让这片土地承载的伟大价值！

### 首开绵阳熙悦湾规划项目（2010年）

建设地点：四川 绵阳
建设规模：360公顷
服务范围：修建性详细规划

### Mianyang Xianhaihu Lake, Capital Development Company (2010)

Location: Mianyang, Sichuan
Construction Scale: 360 ha
Service Scope: Site Plan

此项规划将仙海湖度假旅游与人文生态有机整合，将城市稀缺生活资本——湖域风光、山地人文、国际人居价值共冶一炉，造就既满足现代人旅游度假、休闲娱乐的需求，更实现了一种纯美湖居生活的理想，创造自然、健康、休闲人居新模式，塑造集休闲、商务、度假、居住于一体的旅游度假目的地。

通过对市场的研究，该规划确定：以高尔夫为楔入点，提升知名度与影响力；以旅游度假为主题，带动区域人气的集聚；以高尚居住为主体，塑造高品质旅游度假目的地，树立项目在区域的标杆性形象，塑造为仙海度假区、绵阳市乃至中国西北部的名片，带动地区经济发展。

### 石家庄易水龙脉（2010年）

建设地点：河北 石家庄
占地面积：256 640平方米
建筑面积：493 431平方米
服务范围：方案设计

### Yishui Longmai Residential Community, Shijiazhuang (2010)

Location: Shijiazhuang, Hebei
Plot Area: 256,640 $m^2$
Building Area: 493,431 $m^2$
Service Scope: Scheme Design

石家庄易水龙脉项目位于石家庄正定县塔元庄，距石家庄市12千米，距正定县3千米。项目紧邻京石高速和胜利北街，南侧是16千米滨水景观带——紧邻滹沱河1号水面的67公顷生态岛（滹沱河整治工程，政府正在建设中）。住宅建设用地275 000平方米，容积率为1.2。

本项目配合地方建设，立足于资源节约、绿色低碳的设计理念。规划设计的各个细部都围绕这一主题展开。

项目规划设计着眼于营造跨世纪的人居环境，体现以人为本和新经济时代的社会精英阶层对成功和创意生活的双重追求，突出人与大自然的融合。项目的规划设计从居住行为功能出发，由环境和空间的组成入手，体现对人的理解和关怀，强调经济效益、环境效益和社会效益的有机结合，实现人居环境建设的健康性、安全性、环保性和与自然环境的亲和性，从而营造出高标准、高技术、充满情感的智能化生态型人居环境社区。

**中策尚德府邸（2010年）**

建设地点：浙江 宁波
占地面积：3.33公顷
建筑面积：94 700平方米
服务范围：方案设计、初步设计

**Shangde Palace (2010)**

Location: Ningbo, Zhejiang
Plot Area: 3.33 ha
Building Area: 94,700 $m^2$
Service Scope: Architectural Design, Preliminary Design

本项目位于宁波北商务区的总部魔方区，东临金山路，西近望山路，南起规划路，北至长兴路。地块位于4号轻轨线与绕城高速相交的核心商务区，西接规划中的华东商场与慈城新城，北枕狮子山休闲公园，向东紧靠江北工业园区本部，向南毗邻以规划中的奥林匹克体育中心为核心的未来商务区，是一块以新兴中小企业总部为依托，承载宁波北门户综合商务区历史使命的商业旺地。地块总用地面积3.33公顷，东侧与北侧道路已修建完成，配套条件成熟。

项目为商务办公集合的中小企业的总部基地，具体形态主要表现为独栋低密度花园办公区、带有配套性质酒店的甲级写字楼、行政商务楼；通过建筑与景观的规划以及户型的创新设计、服务性酒店及配套商业的设置等多方面的烘托来打造江北门户区标杆性作品；目标客户群主要定位为工业园区内对办公品质有较高要求的中小企业主。

设计以合理布局、品位高尚、注重细节、空间丰富为主要设计思路，将地块的功能用到极致，打造具有浪漫欧式气质的高尚办公区，提供高雅、丰富的功能设施。

**青岛虹字河水库周边地区概念规划项目（2010年）**

建设地点：山东 青岛
建设规模：12平方千米
服务范围：概念性规划

**Conceptual Plan Project of Qingdao Hongzi River Reservoir Areas (2010)**

Location: Qingdao, Shandong
Construction Scale: 12 square kilometers
Service Scope: Conceptual Plan

项目具有毗邻机场、城市门户节点的战略位置，具有非常优良的生态资源。

规划以绿色生活为发展基础，以会议会展、商务酒店等为核心产业，延伸产业链条，通过康体休闲、特色度假等配套产业建设，促进片区服务业发展，完善城阳区的产业结构，强化与周边地区的协同互补关系，引导地区服务业的特色化、差异化发展，构建出一个建构于生态文明理念、成长于现代服务经济、引领休闲时代的现代生态型会议休闲城。

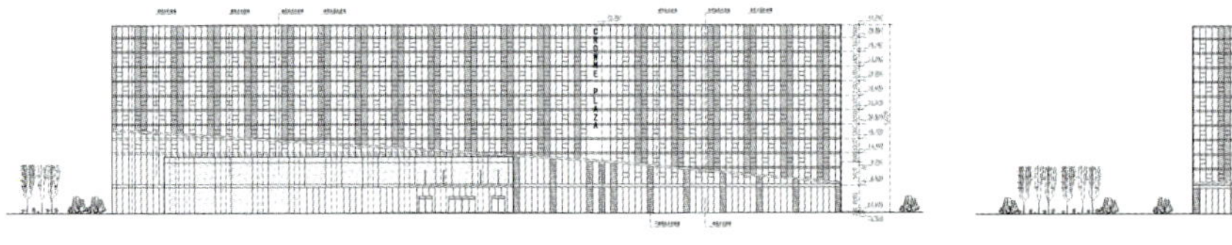

北立面展开图1:300

西立面图1:300

## 天津滨海圣光皇冠假日酒店（2006年）

建设地点：天津
建设规模：150 000平方米
服务范围：建筑方案设计、初步设计

## Crowne Plaza, Binhai Tianjin (2006)

Location: Tianjin
Construction Scale: 150,000 m$^2$
Service Scope: Architectural Design, Preliminary Design

本项目位于空港物流加工园区内的核心位置，毗邻空港物流加工区行政中心和已建的18洞温泉高尔夫球场。北侧紧邻园区中心湖面，隔湖是规划的公建区，东侧为园区中心环岛和规划的居住区，西侧隔路与保税区相望。

项目用地呈比较规则的长方形，长边近200米，短边长为185米。规划用途为五星级酒店和酒店式公寓，占地面积约3.5公顷，容积率为3.18，绿地率35%，建筑密度37.2%，建筑限高43米。

五星级酒店10层、酒店式公寓及写字楼11层，均为框架-剪力墙结构。地上总面积112 692平方米，其中酒店部分建筑面积40 513平方米，客房总钥匙数372，写字楼部分建筑面积28 390平方米，酒店式公寓部分建筑面积41 506平方米，总户数为469。

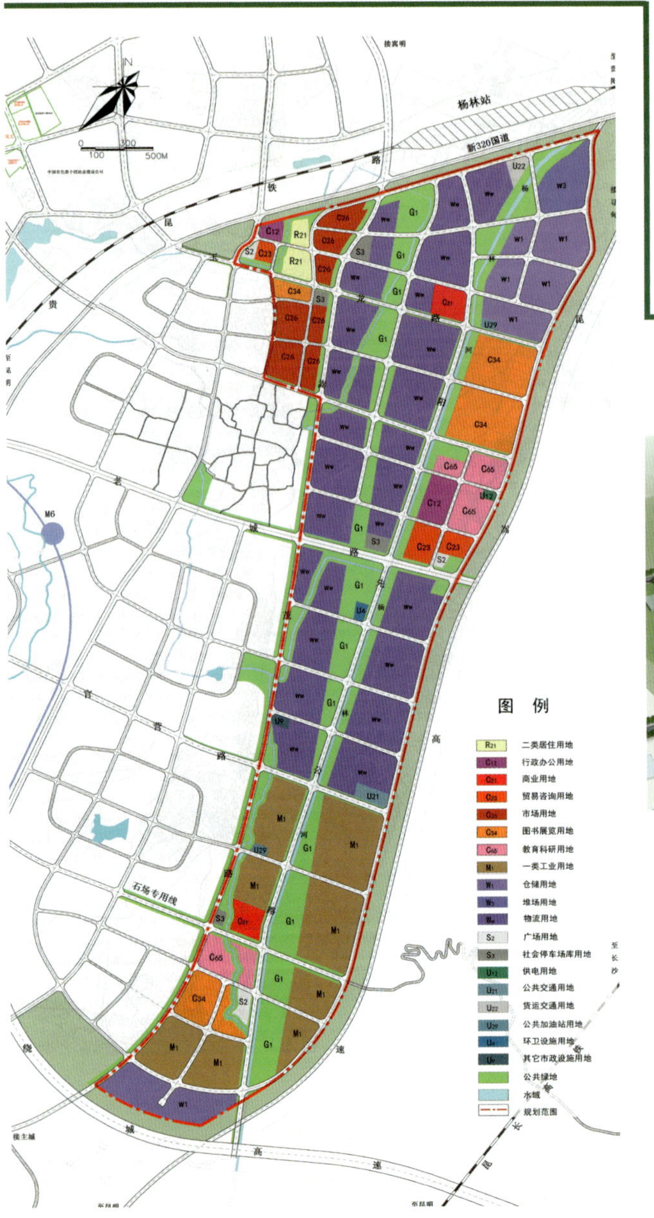


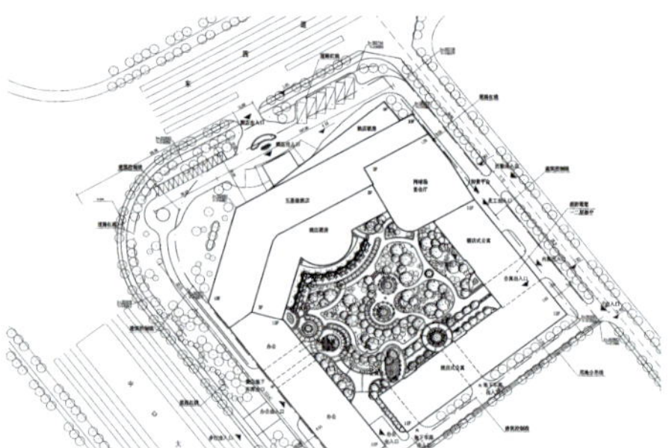

## 云南省昆明市杨林泛亚商贸物流园与泛亚家具产业园规划（2010年）

建设地点：云南 昆明
建设规模：800公顷
服务范围：控制性详细规划

## Regulatory Plan of Fanya Trade Logistics Park & Fanya Furniture Industrial Park, Yanglin, Kunming, Yunnan (2010)

Location: Kunming, Yunnan
Construction Scale: 800 ha
Service Scope: Regulatory Plan

在云南省二强一堡战略、昆明市建设面向西南桥头堡战略的宏观背景下，位于空港新城的杨林泛亚商贸物流园与泛亚家具产业园迎来了跨越式发展机遇。规划把握竞争特色优势，结合当前物流产业与家具产业发展趋势，引入新产业理念，将本次产业园建设为引领物流新风向的国际陆港、创新型示范家具产业园。

其中，泛亚商贸物流园以仓储、配送、铁路公路联运等现代物流为主体功能，涵盖商贸、展示、交易、中介服务等现代商贸职能，形成以专业化市场为基础、仓储配送为特色、商贸信息为核心、第三方物流为支撑的昆明地区主要的商贸物流中心。

泛亚家具产业园以创意、研发、制造、展示为核心组成部分，辅以商贸信息等服务职能，汇聚“学、研、产、商”一体化资源，加速昆明及云南家具产业升级，立足昆明、面向全国、辐射南亚和东南亚家居市场，立体化打造全国一流的“创新型示范园区”。

| | |
|---|---|
| 1 | 北门商业楼 |
| 2 | 清真大寺 |
| 3 | 义乌市场 |
| 4 | 祥和楼 |
| 5 | 金桥大厦 |
| 6 | 浙江小商品市场 |
| 7 | 竹英楼 |
| 8 | 9号商住楼 |
| 9 | 8号商住楼 |
| 10 | 6，7号商住楼 |
| 11 | 欣佳利大厦 |
| 12 | 体工队大楼 |
| 13 | 九鹏商厦西楼 |
| 13 | 九鹏商厦主楼 |
| 13 | 九鹏商厦附楼 |
| 14 | 鑫兴市场 |
| 14 | 鑫兴附楼 |
| 15 | 阳光鞋城 |
| 16 | 金马大酒店 |
| 17 | 呼闽茶楼 |
| 18 | 鸿烨楼 |
| 19 | 回民中学家属楼 |
| 19 | 回民中学 |
| 20 | 和元楼 |
| 21 | 清真北寺 |
| 22 | 五层住宅楼 |
| 23 | 六层商住楼 |
| 24 | 芳芳便民超市 |
| 25 | 律师事务所 |
| 26 | 电视设备场 |
| 27 | 文物楼 |
| 28 | 工贸商店 |

## 通道南路伊斯兰特色风情街（2006年）

建设地点：内蒙古 呼和浩特
建设规模：1 150米
服务范围：建筑方案、施工图设计

**Tongdao South Road Islamic Feeling Street (2006)**

Location: Hohhot, Inner Mongolia
Construction Scale:1,150 m
Service Scope: Architectural Design, Construction Drawing

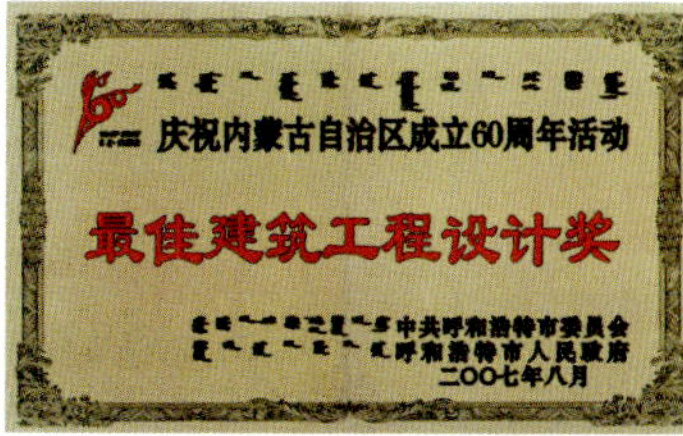

九鹏商厦原貌

九鹏商厦改造后日景

清真北寺原貌

清真北寺改造后日景

## 赵莉大师私宅（2010年）

建设地点：北京
建筑面积：2 152.7平方米
服务范围：建筑方案、施工图设计

**Private House of Master Zhao Li (2010)**

Location: Beijing
Building Area: 2,152.7 $m^2$
Service Scope: Architectural Design, Construction Drawing

本项目位于南北长、东西窄的条形地块上，总占地面积约1 775平方米，整体布局犹如北京四合院的院落，设计为两进院落三重建筑的房子。

由南侧入户，第一重建筑主要为主人的接待区，包括客厅、厨房、餐厅和一间会议室。

第二、三重建筑为画廊，其中第二重建筑主要以贵宾休息厅和画家的工作室为主，第三重建筑主要为画家的画廊，为一开敞挑空的空间，主要用于画家平时绘画和展廊用。三重建筑中间，布置了一大一小两个精致的院子，南侧院子稍大，用于平时接待客人，周边房间布置为餐厅和多功能厅，尽可与三五好友在此享受到远离市区的宁静。

北侧院子是主人为自己留下的私人小院，不大不小的院子，建筑的尺度刚刚好，周边房间是主人的私人收藏，只有主人的私密客人才能到达此处。

二层北侧是首层画廊的挑空，空间开阔，中央位置设计了一座桥，既可俯瞰整个画廊，也可作为空间的分隔。南侧两重建筑均为主人的生活起居空间，南侧建筑主要以公共起居空间为主，中央建筑以起居为主，包括几间卧室。

正如赵莉本人，人淡如菊，这个小小的美术馆，像一朵秋天的雏菊，淡淡地开放。

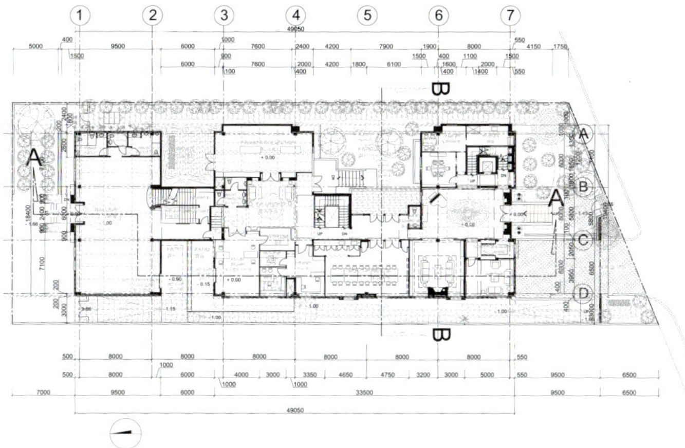
总平面图

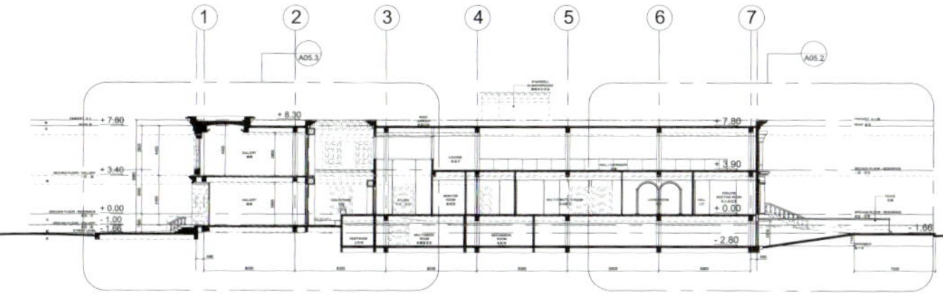
纵向剖面图

**青岛索菲亚大酒店地下水城室内设计项目**

建设地点：山东 青岛
建设规模：5 000平方米
服务范围：方案设计、施工图设计

**Interior Design of Underground SPA Club in Sophia International Hotel, Qingdao**

Project Location: Qingdao, Shandong
Construction Scale: 5,000 $m^2$
Service Scope: Conceptual Design, Construction Drawing & Design

一区四楼地面图
比例 1:200

**烟台海阳旭家会所室内设计项目**

建设地点：山东 烟台
建设规模：1 500平方米
服务范围：方案设计、施工图设计

**Interior Design Project, Tiber Beach Golf Club, Yangtai**

Project Location: Yantai, Shandong
Construction Scale: 1,500 $m^2$
Service Scope: Conception, Construction Drawing & Design

# HMD. 汉米敦（中国） HMD CHINA

汉米敦建筑设计有限公司注册于英国伦敦，是一间提供多专业工程咨询服务的设计公司。为了更高效地为中国城市化建设提供专业服务，分别在上海、北京、深圳设立了分公司及办事处。汉米敦（中国）的业务范围涵盖了从城市总体规划、城市设计、建筑设计、景观环境设计到室内设计的专业内容。通过不懈的努力，公司在星级酒店、城市综合体、商业地产、旅游地产以及大型房地产项目上获得了不俗的业绩。汉米敦（中国）公司的董事及其核心团队，曾共同服务于英国阿特金斯中国公司，尤其是董事总经理徐石先生，设计董事保罗莱斯及李剑波先生，都参与过阿特金斯中国公司的初期发展及重大项目的设计工作，如上海松江泰晤士小镇、上海杨浦大学城创智天地等。北京公司带磊涛先生亦有着丰富的专业经验，在他们的领导下，由近百位来自不同国家和地区的专业人士所组成的国际化团队，为客户提供着国际水准的高质量咨询服务。

汉米敦的专家们所追求的是将国际先进的设计理念、高端的建筑科技应用到城市发展中，并使之与中国的市场及传统文化融合，进而创造出具有独特文化价值及建筑语言的设计作品。公司推崇开放及创新、荣誉及责任、品质及卓越的核心价值观，提倡一个多元化的、共同创作的工作氛围，并时刻要求设计师们注重对社会、对环境、对客户的责任和义务。

**HMD** is an international multidisciplinary design consultancy with offices in Shanghai, Beijing and Shenzhen. HMD China's business scope covers Planning, Urban Design, Architectural Design, Landscape Design and Interior Design. HMD's work is focused on hotel, commercial, retail development, tourism and large-scale residential projects. The three directors Mr. Jeff Xu (Managing Director), Mr. Paul Rice (Design Director) and Mr. Lee Jianbo (Partner and Senior Architect) with the core team of HMD staff have all worked together in China for many years. The HMD China team, now numbers more that one hundred professional staff.

HMD's goal is to form a socially responsible professional business model, integrating international best practice and Chinese cultural values. It is the aim of the company to create design work of long term value, practicality and elegance.

**HMD 上海**

上海市常德路800号八佰秀9号楼6楼
6/F, Building 9, No.800 Changde Road, Shanghai
Tel: +86–21–32553266
Tax: +86–10–32553266–801

**HMD 深圳**

广东省深圳市福田区益田路6009号新世界中心2606室
Room 2606, New World Centre, No.6009 Yitian Road, Futian District, Shenzhen
Tel: +86–755–83216996
Fax: +86–755–22211820

**HMD 北京**

北京市朝阳区建国路乙118号招商局京汇大厦1002室
Room 1002, NO.B-118, The Exchange Beijing, Jianguo Avenue, Chaoyang District, Beijing
Tel: +86–10–65677929
Fax: +86–10–65677929–801

## 沿海沈阳国际中心（四季酒店）

建设地点：辽宁 沈阳
占地面积：31 757平方米
建筑面积：241 135平方米
设计时间：2010年
客户名称：沈阳沿海荣天置业有限公司

该设计以整体发展社区的模式，通过内部庭院、广场和连廊，将各个建筑在地下层、一层组合串联。同时尽可能多地使用建筑高度，减少覆盖率，将室外空间释放出来形成城市广场和绿地。设计旨在打造一个完整的城市综合体，融合了住宅、公寓、酒店和商业。在布局上各种业态相对独立、流线互不干扰，以不同的业态促进彼此的发展。

## Coastal Shenyang International Center

The design adopts a model of developing the community in all aspects, which connects every building underground and on the first floor via internal yard, square and connected corridors. Meanwhile the design is trying to make use of building heights as much as possible to reduce coverage rate, releasing outdoor spaces to form urban squares and green land. The design aims at building a complete urban complex which integrates residence, apartment, hotel and commerce and each part of the complex is relatively separate in respect of layout and their streamline will not obstruct each other, which will lead to promotion of the development of each part.

## 朝阳区孙河组团规划设计

规划面积：2.83平方千米

地理位置的优势加快了孙河项目与中心城区的功能对接，促进了孙河项目与周边区域产业的资源互补、产业协调和区域互动。依托项目便利的交通、优越的生态环境、大量的居住人群，规划区域内将重点发展集商业、文化、休闲相结合的综合性功能区，包括健身、购物、娱乐、休闲、品牌餐饮、商务酒店等六大功能，重点推进音乐厅、体育场、图书馆等文体设施的建设，将孙河项目打造成生态功能、经济功能和谐统一的朝阳区商业文化休闲区，成为温榆河绿色生态走廊发展的重要组成部分，为北京周边新城建设树立“世界城市生态发展的示范区”。

## Planning and Design of Sunhe County Group, Chaoyang District

Planned Area: 2,830,000 m$^2$

Geographical advantage of Sunhe project speeds up its connection with downtown functions, and promotes resource complement, industry coordination and regional interaction with industries of surrounding areas. Relying on convenient transportation, excellent ecological environment and a large number of residents, the planned area will be developed into a multi-functional area integrated with business, culture and leisure, including six major functions: fitness, shopping, entertainment, leisure, chain restaurants and business hotel. The project focuses on promoting constructions of concert hall, stadium, library and other sports and cultural facilities. Sunhe County will be built into a business cultural leisure area of Chaoyang District with unified ecological and economic functions and become an important part of the development of Wenyu River Green Corridor to establish a “Demonstration Area for Urban Ecological Development of the World” for new town construction around Beijing.

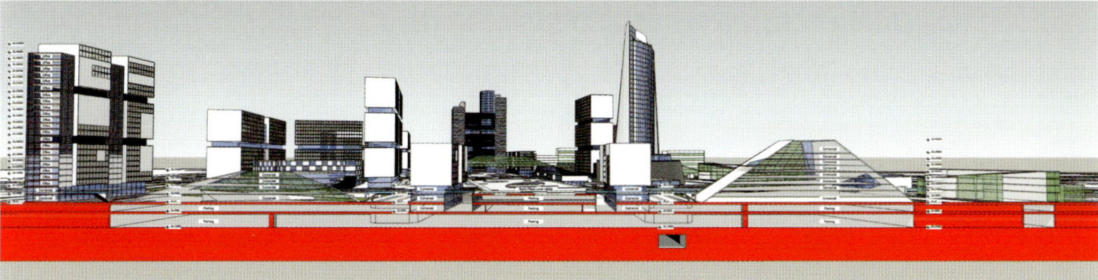

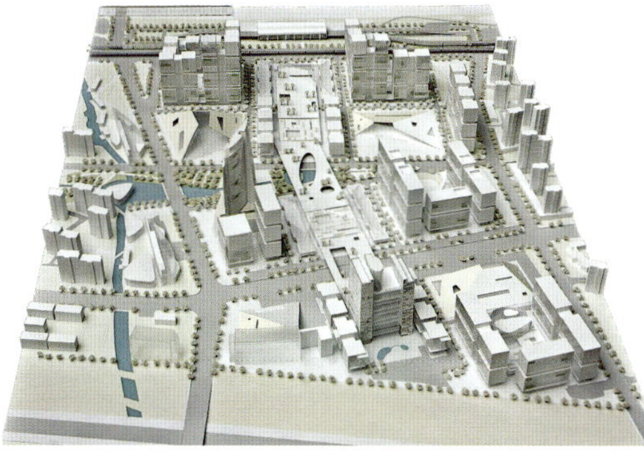

## 苏州工业园区城铁综合商务区城市设计

建设地点：江苏 苏州
占地面积：1 500 000 平方米
建筑面积：3 000 000平方米
设计时间：2011年
客户名称：苏州工业园区城市重建有限公司

本项目基地地理位置优越，交通便利，是苏州高端商务客流进出的主要门户。项目将依托规划地铁、城市快速路，快捷联系城市中心，打造成苏州北部新城都心以及高铁门户服务高地。规划确立三轴：横向生态绿轴、纵向商业商务轴和滨水文化轴；四片区：站前商业商务区、行政综合区、文化休闲区和生态居住区。站前商业商务区具有活力、充满朝气和拥有宜人尺度的城市轴线结合中心绿廊形成一个多样化空间、步行可达、立体交通以及可持续发展的生态低碳的示范城区。

## Urban Design Of General Business District Of Inter-City Railway Station at Suzhou Industrial Park

The project is aimed at building up a new city center and a service center for the high-speed railway in northern Suzhou. There are three axes that will be developed according to the plan: a landscape ecological green belt, a lengthwise retail and commercial area and a river bank cultural belt. There will be four zones: the commercial and retail zone next to the station, an administrative and comprehensive zone, a central cultural and recreational zone and ecological residential zone. The commercial and retail zone in front of the station is traversed by a city axis which creates vitality and a pleasant scale. Combined the central green belt with a multi-dimensional, ecological and low-carbon demonstration city area a sustainable development will be built up. In this district people can get to anywhere by foot and can also enjoy a variety of public transport system.

## 武汉巴登城高尔夫度假别墅

建设地点：湖北 武汉
占地面积：233 410平方米
建筑面积：116 702平方米
设计时间：2010年
客户名称：武汉巴登城投资有限公司

在设计中充分考虑了建筑与景观的有机融合，古典建筑与现代生活的完美融合，在酒店和水疗中心等的高端配套设施中打造出一个顶级休闲居住空间。 本项目总体规划布局呈现出叶脉般的内在逻辑结构。主脉为居住区道路，串联三大居住组团和各公共服务设施，细胞单元阵列沿绿地景观依次展开，各细胞单元间的“空隙”仿佛生态景观廊道，使生态景观资源能够更有效地向社区方向渗透。

## Wuhan Badeng City Golf Resort Villa

The design has fully considered the organic integration of buildings and landscape, the perfect combination of ancient buildings and modern life, with the aim of building up a top-level recreational residential space out of the premium accessory facilities of the hotel and SPA center. A leaf vein-shaped internal logical structure is represented in the general planning and layout of the project. The main vein contains roads of residential areas, which connects three main residential groups and various public service facilities. The branch units are spread respectively along green belt and landscape and the "gaps" between branch units look like ecological visual corridors, which enable ecological landscape resources to infiltrate into the community more effectively.

正立面

背立面

## 万科武汉红郡

建设地点：湖北 武汉
占地面积：230 000平方米
建筑面积：346 000平方米
设计时间：2009年
客户名称：万科房地产有限公司

新城市主义理念在红郡的设计中得到了充分的展现：井然有序、配套齐全、绿意盎然、尺度宜人、其乐融融。开放的城市核心路、社区中心、街区、院落的有序组合，使传统武汉老街坊邻里的融洽氛围和浓厚的生活气息又重新展现。红郡整体上来说，同时延续了城市花园和万科的气质：平凡、理性、成熟、执著、创造。它也许并不会让人眼前一亮，但静静品味、慢慢融入，则能体会出其特别之处。

## Wuhan, China Vanke Red County

The Red County project demonstrates concepts of new urbanism: an orderly, green, properly scaled space is formed. The combination of core roads, community centers, neighbourhoods, and courtyards makes a harmonious atmosphere and clear structure that will enhance the traditional neighbourhood space The Red County continues the style of the city garden and the rationale of Vanke project development.

## 武汉沿海黄狮海酒店商业综合区（洲际皇冠会展酒店）

建设地点：湖北 武汉
占地面积：7 760 000 平方米
建筑面积：163 000平方米
设计时间：2010年
客户名称：沿海地产投资（中国）有限公司

该项目依托沿海品牌，既包括以四星级湖景假日酒店为核心，集休闲、娱乐、度假、会议于一体的高端商务、居住综合体，也包含黄狮海岸生态、健康、舒适型的生态花园式居住社区。力求将该项目打造成城市新地标、塑造城市突出形象的同时，形成个性居住文化。

## Wuhan Coastal Huangshi Hai Hotel Commercial Area (Intercontinental Crown Convention Hotel)

The project is a high-end commercial and residential center, including a four-star Holiday Hotel with the existing lakescape and other types of facilities for leisure, entertainment, vacation and meeting. The project also includes an ecological garden residential community with a new pedestrian retail street environment. By separating the vehicle and pedestrian systems, maximizing the waterfront views and creating a significant new landscape space the project creates a type of people orientated living style.

## 集士港镇宝龙城市广场概念方案设计

建设地点：浙江 宁波
用地面积：169 134平方米
建筑面积：309 041平方米
设计时间：2011年
客户名称：宝龙实业发展有限公司

## Ji Shi Harbor Town Bao Long City Plaza Concept Design

Project Location: Ningbo, Zhejiang
Land Area: 169,134 $m^2$
Floor Area: 309,041 $m^2$
Design Time: 2011
Owner: Baolong Industrial Development Co., Ltd.

## 重庆万科河运校住宅

建设地点：重庆
占地面积：105 463平方米
建筑面积：645 373平方米

本项目的设计宗旨是"以人为本、健康生活、高品质居住环境"。规划从环境入手，通过综合分析小区周边环境因素，确立社区组成：社区以两种完全不同的生活理念出现在人们面前，一种是无遮挡的高层体量尽量往高空发展，以完好的朝向使人们能够充分享受到阳光；而另一种方式则是根植于大地，尽可能贴近地面，同时将环境及绿化通过露台发展到三维的空间中去，使居住于此的人们能够充分地享受到接近大地的益处。

## Wanke Heyun School Community, Chongqing

Project Location: Chongqing
Land Area: 105,463 $m^2$
Floor Area: 645,373 $m^2$

The purpose of this project is "People-oriented, Healthy-living and High-quality Environment". Starting from environment, through a comprehensive analysis of environmental factors of surroundings, the planning defines composition of community: community comes in people's lives in two completely different ways. One is non-blocking high-rise building as high as possible, which ensures good sunlight with good orientations; the other is rooted in the earth, as close to the ground as possible, which meanwhile brings the environment and greening into a three-dimensional space through terrace, so that people who live there can fully enjoy the benefits of living close to earth.

# James Wang Design Associates, Inc
# 美国James・王建筑师事务所
# James Wang Design Associates
# 北京杰地亚建筑咨询有限公司

地址：北京市朝阳区新源里16号琨莎中心2座1101室
邮编：100027
电话：+86–10–88510711
传真：+86–10–88510892
邮箱：jwda@vip.163.com

Add: Suite 1101, Tower 2, Kunsha Building, 16 Xinyuanli, Chaoyang District, Beijing
P.C.: 100027
Tel: +86–10–88510711
Fax: +86–10–88510892
E-mail: jwda@vip.163.com

美国James・王建筑师事务所创办人James Wang是美籍华人、中国台湾淡江大学建筑学学士，美国伊利诺大学建筑硕士，是美国建筑师协会会员。1987年在洛杉矶创立本事务所，2000年在北京成立北京杰地亚建筑咨询有限公司，设计人员近百人。

美国James・王建筑师事务所下设规划建筑设计部和室内装潢设计部。业务从规划到建筑单体乃至室内设计都具有多元化设计经验，每一个设计作品都有各自独特的理念，并领先于本行业。善于根据业主的需求将产品做到温馨、舒适、豪华、低碳、环保。美国James・王建筑师事务所工作的方针及服务宗旨：与客户充分沟通，了解客户所需，设计出客户最满意的作品，在提供舒适的使用空间的同时达到综合投入回报最佳组合。

下设两个部门的设计业务涉及：住宅地产、商业地产、旅游地产及综合类地产等行业。产品细分为：高层住宅及公寓、私人会所、豪华别墅、度假酒店大型商业区及高层办公楼等。

美国James・王建筑师事务所个性化的设计特点是预算分析与设计方案相结合，所做的每一个项目，都经过仔细的预算及估价分析。在整个设计过程中，该事务所会提供不同的设计构思，检验可行性，并确定工程造价及持久性同设计目标吻合。事务所通常会同业主及估价师审核所有系统及每一个细部环节。此做法，在政府机构及私人企业项目上，已证明非常成功。事务所努力的方向是在不牺牲设计目标的情况下，保证绝对能在预定时间、指定预算内设计出理想的作品。十多年在中国的经营，已经设计创造作品数千件，覆盖全国多个省市地区，James・王的工作成就得到了多方面的认可，在中国获得全国和北京的多项优秀设计奖项。特别是在2011年荣膺第八届地产年度风云榜“中国最具影响力设计师大奖”。

James Wang Design Associates, Inc. (JWDA) is created by James Wang, a Chinese American born in Taiwan. He is Bachelor of Architecture from Tamkang University (Taiwan), Master of Architecture from Illinois University (USA), and member of American Institute of Architects. In 1987, he set up JWDA in Los Angeles; in 2000, he set up Beijing JWDA Architectural Consulting Co., Ltd. in Beijing, with nearly 100 designers.

JWDA sets up architectural planning design division and interior decorative design division. We have diverse design experiences from planning to single building or even to interior design. Every design work has its own unique philosophy, leading the industry. We are good at making warm, comfortable, luxury, low-carbon, and environment-friendly products according to owners' demand. Our working guideline and service purpose are: to fully communicate with customers, to understand what customers need, and to design the most satisfactory works, with the best overall ROI in providing comfortable space for use.

The two subordinate divisions operate businesses involving: residential property, commercial property, tourism property and comprehensive property, etc. The products include: high-rise residence & apartment, private club, luxury villa, resort hotel and large commercial community and high-rise office building etc.

Our design is featured by the combination of budget analysis and design scheme. Every project has gone through careful budget and evaluation analysis. In the whole process of design, we will provide different conceptions, discuss the feasibility, and determine the engineering cost and whether the endurance agrees with the design target. We usually review all systems and every detailed process with owners and evaluators. This practice has proven very successful in the projects of governmental agencies and private enterprises. We are committed to designing ideal works within budget and schedule, without prejudicing the design target. With more than 10 years' operation in China, we have designed thousands of design works, covering many provinces and municipalities of China, and we are recognized widely by all social communities. We have won many excellent design awards from Beijing and all over China. In particular, we won the “Chinese Most Influential Designer Award” in the 8th Real Estate Yearly Fame Board in 2011.